国家自然科学基金资助项目(U1261205)

国家留学基金资助项目(201808370186)

煤矿截割粉尘风-雾联合控除机制研究与应用

于海明　等著

东南大学出版社

·南京·

编写组成员

于海明　谢　瑶　王　相

董　慧　王　茹　叶宇希

前　言
PREFACE

煤矿综掘面高浓度粉尘污染严重威胁了矿工职业健康和安全生产,目前,煤矿常用的通风控除尘和喷雾降尘效果不佳。本书根据风-水双控协同增效降尘理念,采用理论分析、数值模拟、实验测试和现场实测相结合的方法,揭示综掘面通风控除尘机制及喷雾降尘规律,并优选出适用于综掘面作业区的旋流雾化喷嘴及除尘方案。

首先,基于马尔文 Spraytec 粒径分析仪等设计了雾滴粒径测定实验和雾场形态图像采集实验,经过对比分析筛选出了四种具有代表性的典型旋流喷嘴及一种原型旋流喷嘴。引入了 LES-VOF 方法描述初次雾化液核的破碎分解,提出了雾滴恒粒径随机生成方法平衡雾场旋流特性,利用 KH-RT 方法计算射流二次雾化结果,最终形成了多尺度旋流雾化仿真方法。通过实验验证发现,索特尔直径与实验结果相对误差为 1.8%~21.4%,且雾场形态模拟和实验结果基本吻合。基于此揭示了喷嘴内流场、一次雾化和二次雾化的沿程变化规律,得到了不同喷雾压力下雾场速度和平均粒径空间分布规律,明确了喷雾压力及喷嘴参数与雾化效果间的非线性函数关系。结合 BP 神经网络进行网络结构设计与参数选取,利用喷雾压力、喷嘴参数与雾化效果间的非线性函数,扩展了 BP 神经网络训练样本,实现了雾化效果的预测,针对 2.0 MPa、4.0 MPa、6.0 MPa 和 8.0 MPa 四种喷雾压力优化得到四种新型旋流喷嘴。

其次,基于 RANS 方法选取了 k-ε 模型描述涉及的连续相和离散相湍流特征,形成了更加准确追踪的 CFD-DEM 风流-粉尘耦合仿真模型,经过现场实测,粉尘沉降率实测值与模拟值的相对误差范围低于 12.9%。通过模拟揭示了单压通风、压抽混合通风及增设风幕发生器后综掘面风流运移规律和粉尘严重污染区及沉降区,得到了负压抽风作用下粉尘粒级和最终排尘量的关系,明确了增设风幕发生器后风幕形成距离和压风径轴比之间的函数关系。分析发现单压通风与压抽混合通风难以抑制大量呼吸性粉尘向巷道后方扩散;发现当径轴比 P_{FQ} 大于 3.497 时,可将综掘面粉尘控制在 7.0 m 范围内。

最后,以高压喷雾捕尘四种机理为基础,构建了综掘面粉尘-雾滴凝并计算模型,基于相位多普勒干涉仪(PDI)自行研发了喷嘴降尘效率测定实验系统,对添加表面活性剂溶液的降尘效率计算模型予以验证,模拟结果基本准确。根据风-水双控降尘理念,针对综掘面三种通风方式进行尘-雾凝并仿真研究,分析了不同通风方式下雾滴浓度分布规律,明确了不同喷嘴应用后粉尘浓度沿程分布规律,得到了喷嘴喷雾压力与降尘效率关系,最终确定了降尘效果较优的典型喷嘴雾化方案为 K2.0-8.0 MPa,与迎头距离超过 28.0 m 后的巷道粉尘浓度基本不超过 56 mg/m^3,但新型喷嘴相比最优典型喷嘴具有更好的降尘表现,尤其对于压抽混合通风方式,相比最优典型喷嘴降尘效果最大提高了 18.77 个百分点。综上,在增设风幕发生器形成阻尘风幕的同时,应用新型系列旋流喷嘴降尘效果最佳,降尘效率可达 89.78%。

目 录
Contents

1 绪 论

1.1 引言

在能源清洁转型的大背景下,我国能源结构不断优化,清洁可再生能源快速发展。但是,至今仍未从根本上撼动"煤为基础、电为中心、煤电过半、油气进口"的能源格局,煤炭、煤电仍属主体能源。煤炭作为我国重要的基础能源,其原煤平均年产量可以达到37.4亿吨。近年来,随着巷道掘进技术的快速发展,机械化、自动化掘进水平迅速提高,综合机械化掘进已广泛应用于全国各煤矿[1-2]。随之而来的矿井生产自然灾害问题也愈发突出,尤其是综掘作业区域高浓度粉尘污染严重威胁了矿工职业安全健康和矿井安全高效生产。在没有采取任何防尘措施的情况下,掘进机截割煤岩体瞬间在迎头区域产生的总尘浓度可高达 $2\ 500 \sim 3\ 000\ \text{mg/m}^3$ [3-5],即使采取控除尘措施,多数工作面的粉尘浓度在一定程度上得到降低,但人员作业区域环境依然相当恶劣,掘进机下风侧总尘和呼尘浓度可分别高达 $400\ \text{mg/m}^3$、$250\ \text{mg/m}^3$ 以上,粉尘浓度已远远超出安全规程要求。

近年来,我国煤矿由粉尘引起的重(特)大事故时有发生,仅2000年初至2017年底,全国煤矿就发生粉尘事故15起,致使493人遇难。如:2000年9月27日,贵州水城矿务局木冲沟煤矿发生一起特大瓦斯煤尘爆炸事故,致162人死亡[6];2005年11月27日,黑龙江龙煤集团七台河分公司东风煤矿发生一起特大煤尘爆炸事故,致171人死亡[7];2005年12月7日,河北唐山市恒源实业有限公司发生一起特大瓦斯煤尘爆炸事故,致108人死亡[8];2008年5月21日,山西省阳泉市南娄镇万隆煤业有限公司发生煤尘爆炸事故,致5人死亡、1人受伤[9];2013年12月13日,新疆维吾尔自治区白杨沟煤矿发生煤尘爆炸事故,致22人死亡[10];2014年11月26日,辽宁省阜新矿业(集团)恒大煤业有限责任公司发生一起重大煤尘爆炸燃烧事故,致28人死亡[11];2017年2月14日,湖南省娄底市涟源市祖保煤矿发生一起重大煤尘爆炸事故,致10人死亡[12];2018年1月23日,黑龙江省双鸭山市宝山区七星一采区矿井发生煤尘爆炸事故,致2人死亡、1人受伤[13]。

煤矿作业人员在高浓度粉尘环境中长时间作业,将因肺组织弥漫性纤维化引发尘肺病。据国家卫健委通报,截至2021年,全国累计报告职业性尘肺病患者91.5万人,现存活的职业性尘肺病患者大概还有45万人[14]。近三年的尘肺病新增人数为:2019年共报告新增尘肺病例为 15 898 例[15];2020 年共报告新增尘肺病例为 14 367 例[16];2021 年共报告新增尘肺病为 11 809 例[14],其中煤工尘肺约占 4 667 人,是煤矿生产安全事故死亡人数的 21 倍。尘肺病主要分布在采矿业,并呈现年轻化趋势。尘肺病具有覆盖群体更广、潜在危害更大、破坏性更强的特点,是危害作业人员安全健康最严重的职业病。

煤矿高浓度粉尘污染问题不仅会降低作业人员的劳动生产率,长期工作在粉尘污染的环境中将面临尘肺病威胁,而且还会引发大型粉尘爆炸事故,造成重大人员伤亡和经济损失[17]。现阶段,我国煤矿安全生产形势非常严峻,控制和降低尘肺病的发生以及预防矿井粉尘事故已成为煤炭行业亟待解决的关键难题之一。为响应国家职业安全健康的号召,保障社会的稳定并实现企业经济的健康、快速发展,必须对综掘工作面高浓度粉尘污染进行高效治理,有效改善综掘工作面人员作业环境。

本书针对煤矿综掘工作面控除尘效果不理想的难题,提出相对准确的喷雾雾化模型、粉尘扩散污染模型和雾滴捕获粉尘计算模型,为综掘工作面外喷雾喷嘴参数优化、通风控除尘方法和喷雾方案设计等提供准确的研究手段,基于此揭示旋流压力喷嘴雾化规律,研发新型系列旋流喷嘴,分析综掘面通风控除尘粉尘污染机制,深化完善煤矿作业区喷雾降尘影响机制,优选喷雾降尘方案,切实改善人员作业环境,同时为建立适用于煤矿不同作业区的喷雾降尘实施标准体系和研发煤矿采掘作业产尘区喷雾降尘核心技术及装备提供理论参考。该研究符合《国家职业病防治规划(2016—2020 年)》《安全生产"十三五"规划》及《"健康中国2030"规划纲要》提到的加强高危粉尘、高毒物品等职业病危害源头治理,到 2020 年职业病危害防治取得积极进展的基本目标要求,对提高井下作业人员职业安全健康程度和指导矿山企业的安全生产具有重要的理论意义和实用价值。

1.2　国内外研究现状

多年来,国内外专家学者对煤矿综掘工作面粉尘防治理论及技术工艺进行了大量的探索和研究,煤矿通常采用通风除尘、喷雾降尘、化学抑尘、空气幕隔尘等不同方法降低粉尘浓度,上述措施的应用在一定程度上减少了综掘面粉尘污染,其中有部分防尘技术还实现了自动化,但通风除尘和喷雾降尘技术作为煤矿综掘面最常见的控除尘手段,降尘效果往往不够理想。主要原因是综掘面不同通风方式粉尘扩散污染机制不够明确,喷雾降尘规律比较模糊,喷嘴选型及喷雾方案设计不合理等。尤其是喷雾降尘效果受到雾化粒度、雾化浓度、覆盖范围及环境风速等多种因素影响,各因素间相互制约,难以确定最佳的喷雾方案,急需提出一套针对综掘面喷嘴雾化、粉尘扩散和尘-雾耦合的研究方法。由于物理实验往往难以实现对复杂综掘面现场的等尺寸测试,广大学者通常选择可操作性强的数值模拟手段。

1.2.1 喷嘴雾化特性国内外研究现状

喷雾降尘是在采掘作业过程中针对不同产尘区域特点设置喷雾组,通过雾幕隔绝或者粉尘与雾滴碰撞实现粉尘沉降的措施,喷雾降尘技术也是煤矿除尘措施中应用最为广泛的措施之一。喷嘴在燃油、冷却、喷涂、防火、灌溉和杀毒等多个领域有不可或缺的应用,由于喷嘴雾化过程十分复杂,喷嘴雾化机理逐渐成为很多领域的热点问题。

1) 喷嘴射流破碎理论的研究进展

对液体喷射雾化的研究可以追溯到 19 世纪 70 年代,Rayleigh[18]对射流破碎机理进行了首创性的、较为全面和完整的理论研究,他以一个初始稳定的无限长圆柱形低速无黏液体射流为研究对象,研究方法是基于液体表面波不稳定性理论,这也是目前大多数液体喷射碎裂过程研究者所采用的研究方法和手段。当时认为液体在从喷嘴喷射后立即破碎雾化形成更多的小液滴,形成由液柱、液滴、气体混合组成的喷雾场,而随着实验测试技术的发展,实验结果更加清晰地显示了喷雾过程发展,同时也伴随着在理论模型方面的研究拓展。

Chaudhary[19]建立了三阶表面波振幅解模型,将射流表面波的不稳定区划分为三个,并利用实验验证推导结果的准确性。Mashayek 等[20]考虑了液体对周围环境的传热效应,研究了射流破碎机理。研究结果表明,如果射流暴露在周期性变化的环境温度中,除了热边界条件外,射流上还会产生与热扰动具有相同波数的初始表面扰动。若反向干扰,则存在一个参数,二者可以相互抵消,射流可达到稳定的结构;若二者方向相同,则不存在一个参数使射流稳定。Weber[21]等人对黏性液体射流进行了研究,考察了黏度、表面张力以及液体密度等对雾化过程的影响,建立了考虑黏性的液体射流模型。

1938~1995 年期间,Taylor[22]、Ohnesorge[23]、Reitz[24]、Li[25] 和 Yang[26] 等人发展了Rayleigh 理论。研究认为液体从喷嘴喷射出之后,在气动力、黏性力及表面张力等各种作用力的相互作用下,射流表面发生破碎分裂现象而出现无特定大小、无几何规则的液团,随着液团的脱离,分裂逐渐向液体核心处发展。在周向作用力下渐渐破碎分裂,根据喷射速度的大小而产生多种分裂形态,主要为:瑞利型分裂,第一、二类风生分裂及雾化分裂等。但是通过进一步的实验发现,射流分裂雾化是多种因素综合作用下产生的,并非是单一的某一机理作用。Lin 等[27]提出扰动在空间上的分布并非均匀,而是沿射流方向逐渐增大。Fath 等[28]利用激光拉曼散射法进行实验,发现在未受扰动的液核区附近也存在较强的湍流流动。

在国内,同样有许多学者展开了射流破碎机理研究。其中,天津大学史绍熙等[29-31]进行了大量的理论计算,研究了"液体射流的非轴对称破碎""液体圆射流破碎机理研究中的时间模式与空间模式""液体燃料圆射流最不稳定频率的理论分析"等,此外他们还详细研究了液体黏性对射流的影响,并实现了通过控制射流参数观测到不同阶段的射流结构。随后,该团队研究了射流参数对雾化效果的影响和作用以及旋转气体介质对环膜液体射流破碎不稳定性的影响。曹建明等[32]应用线性稳定性理论对圆射流的雾化机理进行了研究,推导出了液膜两侧表面波不稳定雾化模型喷射表面波量纲-色散准则关系式,基于上述关系式,可以研究表面波的波形、破裂点的不稳定频率以及射流稳定性随准则的变化关系。严春吉等[33-35]应用线性稳定性理论研究了正对称模式和反对称模式环状液膜射流喷射进入可压缩气流中的稳定性,指出射流的稳定度与雷诺数、韦伯数、马赫数、气液密度比、液膜半径与厚度比等因素有关。

现阶段,圆射流、平面液膜射流和环状液膜射流为基础的射流破碎机理和数值模型研究已经有所进展,但旋流喷嘴射流雾化过程与所述三种射流雾化过程相差较大,对其雾化机理的认知不够全面,需进一步深入研究旋流雾化过程及机理。

2)喷嘴雾化验证试验的国内外研究现状

数值模拟研究中实验验证是至关重要的一环,目前光学测试手段和先进计算机处理技术被广泛应用到雾场测量中,国内外学者在喷雾试验方面有激光全息摄像法、高速摄像法、激光多普勒法和马尔文法等方法。美国Santangelo[36]用图1.1所示的Malvern Spraytec分析仪(Phase Doppler Anemometry,PDA,相位多普勒分析仪)测量雾滴尺寸分布,并以此验证了粒径预测关系式。匈牙利András Urbán[37]使用图1.2所示的相位多普勒粒子分析仪(Phase Doppler Particle Analyzer,PDPA)测定不同喷雾压力条件下的空气辅助喷嘴的粒度,同时对不同索特尔平均直径的预测公式进行对比,并拟合出了预测结果较好的伽马分布函数。西安交通大学的Lan等[38]对9种旋流喷嘴的质量流率、雾场分布、喷雾锥角和雾滴尺寸进行了测定,得到了流量和喷雾锥角与喷嘴压降等因素间的关系曲线。中国矿业大学王和堂[39]基于PDPA方法对1.5、2.0和2.5 MPa压力条件下的矿用雾化喷嘴进行了测定,并对比了添加磁化水和表面活性剂的喷雾效果。湖南科技大学王鹏飞[40-41]利用PDA方法对孔径为1.0~2.0 mm的X型压力旋流喷嘴进行测定分析,得出了索特尔平均直径的预测数学模型,并基于粒子图像测速法(Particle Image Velocimetry,PIV)测定了不同直径空气帽出口的雾滴速度矢量图,得到了空气辅助雾化喷嘴速度矢量场分布规律。山东科技大学徐翠翠[42]基于PDPA方法设计了喷雾粒度-速度测定实验,获得了喷嘴外雾场的微观粒度-速度联合分布特性。

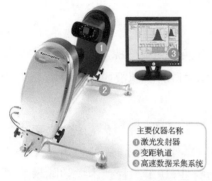

图 1.1 马尔文雾滴粒径分析仪

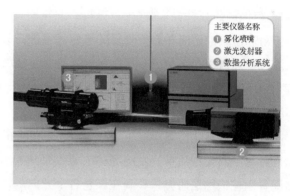

图 1.2 相位多普勒粒子分析仪

3) 喷嘴雾化模拟研究进展

通常将旋流压力喷嘴雾化过程分为三个多尺度阶段:喷嘴内流场、初次雾化和二次雾化。在喷嘴内流场中液体在内部流道影响下呈现旋流特性,初次雾化是液体射流的解体,主要受湍流、空化、速度剖面松弛和液气特性等效应的影响[43-44],在细观尺度下液柱表面受速度波动发生界面拓扑(即液体表面曲率)变化,紧接着发生宏观尺度下的二次雾化,大雾滴分裂成小雾滴,直至完全雾化。

初次雾化仿真过程的关键是解析湍流特征及获取表面拓扑结构,前人通常基于大涡模拟(Large Eddy Simulation,LES)和流体体积法(Volume of Fluid Method,VOF)在细观尺度层面研究液核的分裂破碎,例如 Salvador 等[45]利用 VOF 方法及自适应八叉树网格优化算法,对低喷射压力下的雾化过程进行了数值模拟,结果发现喷射速度的振荡会增强雾化过程。Yu 等[46]利用 VOF-LES 方法计算柴油机喷嘴的一次破碎现象,结果发现在喷嘴流动分离中,壁面剪切和空化对射流的破碎有很大的影响。Yin 等[47]采用大涡模拟湍流模型检测空化现象,建立耦合空化模型,揭示柴油机喷嘴中的空化现象及其对喷雾和雾化的影响。Yu 等[48]采用大涡模拟模型研究了超高注入压力(>220.0 MPa)下的微喷雾特性。福州大学施立新[49]使用 LES 和 VOF 模型模拟雾化过程,清楚再现了雾化的破碎过程,并得到马赫碟的位置与气路间隙离喷嘴出口距离的呈现规律。南昌大学彭天鹏[50]基于 LES-VOF 模型对燃油在喷孔内部的流动和近嘴区域的射流雾化过程进行了数值模拟,运用 LES 方法求解气液相的湍流流场,运用 VOF 追踪气液两相流体的界面,验证了 K-H 不稳定波的增长是导致射流雾化的原因,并发现了射流表面初始扰动源是液体内部湍流扰动和喷孔出口处边界层松弛共同作用的结果。华东理工大学田秀山[51]应用 LES/VOF 法对同轴双通道喷嘴进行了从层流到湍流的液体射流数值研究,发现液柱在表面张力主导的破裂中,只要受扰动产生表面波动,最终必将在波谷处发生断裂,其驱动力即为表面张力产生的附加压力,并对喷嘴端部液体卷吸过程的机理进行了分析。北京交通大学王勇等[52]采用 LES 方法,结合 VOF 模型对高压柴油射流在启喷阶段的雾化过程进行数值求解,发现对于无空泡射流,启喷阶段射流头部迎风面存在的 RT 不稳定机制分裂的液滴是液滴的主要来源。上海理工大学黄燕等[53]采用欧拉 VOF 方法追踪气液两相交界面的动力学特性,发现液膜在气体剪切力和表面张力的作用下的分裂过程。

对于二次雾化仿真研究主要以气体-雾滴两相流为主,目前大多学者是基于一些 CFD 软件针对不同类型喷嘴开发的经验喷雾模型进行计算,例如,澳大利亚的 Ren 等[54]基于拉格朗日颗粒追踪法研究了雾滴在煤仓各个方向的流动特性;辽宁工程技术大学陈曦[55]基于碰撞模型和破碎模型研究了雾化压力、喷嘴口径与雾场特性之间的关系。张淑荣等[56]利用 CFD 软件模拟分析了气流式喷嘴的雾化规律,得到了喷嘴出口下游截面的雾化粒径分布规律。山东科技大学聂文等[57]基于该模型分析了不同喷雾压力及不同孔径压力旋流喷嘴的雾化结果。

近年来针对初次雾化和二次雾化过程发展了多尺度建模策略,即采用欧拉-欧拉或欧拉-拉格朗日方法进行数值模拟。前者解决了欧拉公式中的两个尺度,后者包括了欧拉格式中的连续相,并使用拉格朗日公式对离散相进行建模。美国明尼苏达大学的 Herrmann[58]开发了一种用于液体射流初级破碎的耦合方法,可求解所有发生在比现有网格分辨率大的界面动力学和物理过程,然后在拉格朗日框架中通过使用水平集(level set)/涡流片(vortex sheet)方法,求解了所有发生在子网格尺度上的动力学过程。法国的 Tomar 等[59]基于欧拉-拉格朗日双向耦合,对一次喷射破裂进行了多尺度模拟。法国的 Saeedipour 等[60]基于欧拉-拉格朗日框架,使用 VOF 模型和拉格朗日颗粒追踪(Lagrangian Particle Tracking, LPT)模型得到了雾滴粒径和速度分布。但在雾化模拟方面实现多尺度建模的绝大多数是射流雾化和内燃机喷嘴雾化等领域,据作者所知,目前没有针对旋流压力喷嘴的多尺度建模和分析,尤其是涉及矿用喷嘴雾化米级尺度和不对称旋流芯结构的旋流压力喷嘴。

1.2.2　气体-粉尘耦合模拟方法

通过对大量文献研究对象和研究方法的分析可知,数值模拟方法已被广泛应用于综掘工作面风流-粉尘运移规律的研究,起到了无可替代的作用。粉尘场的运移主要依赖于风流的裹挟作用,日本学者 Nakayama 等[61]对掘进工作面的风流运移情况进行了模拟实验研究,结果表明风流速度分布的实验结果与现场实测结果具有较好的一致性,但测风断面内最高风流速度与实测结果具有较为明显的差异。目前,气体-粉尘耦合模型通常基于拉格朗日法中计算颗粒微团的方法构建,如图 1.3 所示。

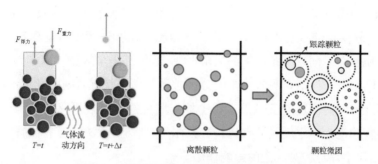

图 1.3 拉格朗日法中计算颗粒微团的原理图

西班牙学者 Toraño 等[62]利用数值模拟与现场实测对比分析,掌握了普通断面综掘工作面的风流场运移及粉尘场的扩散规律。澳大利亚的 Ren 等[63]基于计算流体动力学研究了煤仓通风和呼吸性粉尘流动行为,并以此提出了通过通风系统稀释和细水雾降尘两种降尘方案,抑制和捕获大部分粉尘颗粒。美国的 Thiruvengadam 等[64]模拟了巷道中粉尘的扩散规律,并利用计算流体动力学提出了降低采煤工作面粉尘浓度的各种方法。加拿大的 Lu 等[65]采用计算流体动力学方法对甲烷排放和粉尘浓度进行了数值研究,结果发现抽风机和隔尘帘相结合的布置方式可有效降低掘进工作面瓦斯和粉尘。

在国内,同样有大量学者利用数值模拟对粉尘扩散进行研究。湖南科技大学刘荣华等[66]对采用单一压入式局部通风系统的综掘工作面进行研究,揭示了各区域粉尘浓度分布规律,并且针对不同区域风流运移特点分别构建了粉尘浓度计算模型。湖南科技大学王海桥等[67-70]建立了射流区与回流区内风流速度与风流流量的计算模型,进一步分析得到了单一压入式局部通风系统作用下的巷道内粉尘扩散规律。中国矿业大学秦跃平等人运用数值模拟与现场实测相结合的方法,对粉尘浓度在射流区、回流区以及涡流区的分布规律进行研究分析,得到了粉尘浓度在掘进机前部达到峰值的结论。Geng 等[71]基于欧拉-欧拉和欧拉-拉格朗日方法,对粉尘颗粒的动力学行为进行了仿真评估,发现了不同尺寸的粉尘颗粒在扩散过程中的运移规律。太原理工大学李雨成等[72]基于 RNG k-ε 湍流模型,选择欧拉-拉格朗日法进行模拟,得到了掘进面 60.0 m 范围内粉尘沿巷道纵向、垂向扩散规律,以及巷道沿程粉尘粒径分布规律。北京科技大学蒋仲安等[73]依据气固两相流理论,运用 Fluent 软件对采场爆破粉尘质量浓度分布规律进行数值模拟,并与现场实测数据进行对比分析,得到了粉尘质量浓度分布规律。西安科技大学 Wang 等[74]通过测定综采工作面呼吸性粉尘污染情况,建立了 CFD 风流-粉尘耦合模型,通过分析提出了一种新的通风方式和降尘策略,缓解了高浓度呼吸性粉尘的威胁。山东科技大学周刚[75]通过建立气体-颗粒两相流动的流体力学模型,进行了综放工作面形成全断面雾流时气体-粉尘-雾滴场分析。聂文等[76]通过数值模拟,分析了通风参数对掘进工作面气流和迎面粉尘运移的影响,明确了隔尘空气幕抑尘效果最佳的参数。王昊等[77]基于 Realizable 模型、颗粒作用力方程和随机轨道模型,运用 ANSYS Fluent 软件对综掘工作面风流-粉尘两相流场运移进行了数值模拟分析,得到了不同断面综掘工作面在不同通风条件下的风幕形成、运移及阻尘规律。张琦等[78]为了掌握综采工作面在不同湍流速度下可吸入粉尘的分区扩散和污染情况,采用 Fluent 软件模拟研究了综采工作面在不同湍流速度下可吸入粉尘的扩散特性。前人研究的风流-粉尘模拟方法绝大多数是将颗粒视为一定质量质点代替颗粒体积的概念,无法计算粉尘颗粒间、颗粒与墙壁间碰撞,以及粉尘颗粒群对风流的影响作用。

1.2.3　气体-粉尘-雾滴三相耦合模拟方法

喷雾降尘仿真涉及气相空气、液相雾滴以及固相粉尘间三相耦合计算,而近些年人们在三相流问题上刚具备了一定的理论和实践经验。

荷兰特温特大学的 Delnoij[79]利用欧拉-拉格朗日方法三维模型,对不同高径比条件下鼓泡反应器内流场的变化情况进行了数值模拟,得到了气泡在容器内的瞬态分布结果。印度综合技术研究所的 Panneerselvam[80]利用欧拉-拉格朗日方法建立了三相流数学模型,对三相流机械搅拌反应器和三相流化床反应器中的流动规律进行了探索和研究。Liu 等[81]通过欧拉-拉格朗日方法研究了鼓泡床中流体速度和流化床宽度对横向固体颗粒分散系数的影响,因此欧拉-拉格朗日方法在处理该类三相流方面具备成功经验,但上述模拟所涉及的粉尘颗粒较大,在模拟计算量方面难以与本书所涉及的问题相比,三相耦合模拟仍然存在很大挑战。

随着喷雾降尘技术的发展,开始有一些国内学者借助新的研究手段对喷雾降尘机理进行探讨。例如沙永东等[82]在喷雾降尘机理上采用了 GA 智能优化算法对雾化角度、喷雾压力、喷头直径参数、喷头到产尘点距离进行了多次优化,结果显示优化过的降尘效率提高了 15.19%;马素平和寇子明[83]以煤矿井下回风巷道中粉尘为研究对象,分析影响粉尘沉降效率的因素,建立了相应的数学模型,选择不同的喷雾压力沉降不同粒径的粉尘,从而达到最佳除尘效果。但推导过程均是在单一因素下进行的,而雾滴捕尘是一个多因素综合作用的结果,因此,采用理论模型的方法很难准确预测实际的雾滴捕尘效果。

1.3　目前研究存在的问题

综上所述,通过众多学者针对喷嘴雾化、粉尘扩散与尘雾碰撞仿真的不断探究,粉尘与雾滴随风流的扩散仿真已经初步成熟,但在喷雾雾化和喷雾降尘仿真方面仍然处于缓慢发展阶段,基于此本书提出以下三方面问题:

（1）传统风流-雾滴二次雾化模型过度依赖经验参数和公式,但经验初值和参数往往是无法通过实验的方法获得的,雾场预测结果一般比较粗糙,且无法通过不同喷嘴内部构造分析雾化效果,对于非对称的内置旋流结构的旋流压力喷嘴,应用这类模型难以得到准确的雾场粒径、浓度、速度等空间分布。

（2）传统拉格朗日颗粒追踪方法将颗粒视为一定质量质点代替体积的概念,无法计算粉尘颗粒间、颗粒与墙壁间碰撞,以及粉尘颗粒群对风流的影响作用,且粉尘颗粒的追踪往往需启用随机效应算法。而本书需对不同粒级的粉尘颗粒进行细观分析,这种简化的离散相追踪方法势必造成不容忽视的误差。

（3）因喷雾降尘仿真涉及气相空气、液相雾滴以及固相粉尘间三相耦合计算,计算量大且模型复杂,目前大多以理论推导、实验和现场试验研究为主,急需提出一种雾滴捕捉粉尘的仿真方法,准确地计算喷雾降尘效果,以完善煤矿喷雾降尘理论。

1.4 研究内容及方法

1.4.1 研究内容

本书的主要研究内容包括如下四个方面:

（1）针对目前仿真模型无法通过喷嘴内部结构、喷雾压力、水物理性质等直接获取外部雾场雾滴粒径分布、雾化角度和有效射程等关键性参数的问题,以多阶段射流雾化理论为核心,基于 LES-VOF 方法提出多尺度旋流喷嘴雾化模型,揭示不同喷雾压力下矿用旋流芯喷嘴雾化机理,明确喷雾压力与雾化效果间的函数关系;

（2）通过对喷嘴参数与雾化效果的模拟分析,确定旋流室孔径、旋流室长度、旋流室流通面积及旋芯角与雾化效果间的函数关系,结合 BP 神经网络模型,对不同的设计方案进行雾化效果预测分析,优选出适用于综掘工作面外喷雾的新型系列旋流喷嘴结构;

（3）针对目前综掘面以风控尘效果不佳、粉尘时空演化规律不明确等问题,首先基于CFD-DEM(Discrete Element Method,离散元方法)计算框架完善粉尘细观运动受力,采用颗粒等效放大方法建立了离散粉尘颗粒动态追踪模型,明确综掘面单压通风、压抽混合通风及增设风幕发生器三种通风方式下各级粉尘扩散污染机制;

（4）围绕综掘面风-水双控降尘理念,基于 CFD-DPM(Discrete Phase Model,离散相模型)计算框架,利用 Fluent 二次开发(UDF)接口,以雾滴粉尘碰撞概率算法为核心,构建综掘面尘-雾凝并计算模型,分析综掘面不同通风方式下典型喷嘴与新型系列旋流喷嘴雾化降尘规律,优选出综掘面风-水双控最优降尘方案。

1.4.2 研究方法

本书利用理论分析、数值模拟、实验测试与现场实测相结合的方法,首先以多阶段射流雾化理论为核心,基于 LES-VOF 方法提出多尺度旋流喷嘴雾化模型,通过雾滴粒径测定及雾场形态采集实验验证模型准确性,揭示喷嘴内流场、初次雾化及二次雾化机理,得到不同喷雾压力条件下雾场特性分布规律;确定不同喷嘴参数与雾化角、平均粒径和有效射程间的非线性函数,利用 BP 神经网络模型实现模型训练,预测不同设计方案雾化效果,研发出针对综掘面作业区的新型旋流雾化喷嘴。其次,基于粉尘扩散理论构建基于 CFD-DEM 的离散粉尘颗粒动态追踪模型,并通过现场风流和粉尘测定结果验证模型准确性,而后对综掘面单压通风、压抽混合通风及增设风幕发生器三种通风方式下不同粒级粉尘扩散规律进行模拟分析,得到风流运移、粉尘污染、风幕形成规律;最后以雾滴粉尘碰撞概率算法为核心,基于 CFD-DPM 方法构建综掘面尘-雾凝并计算模型,通过喷雾降尘实验结果验证模型准确性,结合粉尘污染机制,分析综掘面单压通风及压抽混合通风雾化降尘规律,优选出综掘面最优控除尘方案。技术路线如图 1.4 所示。

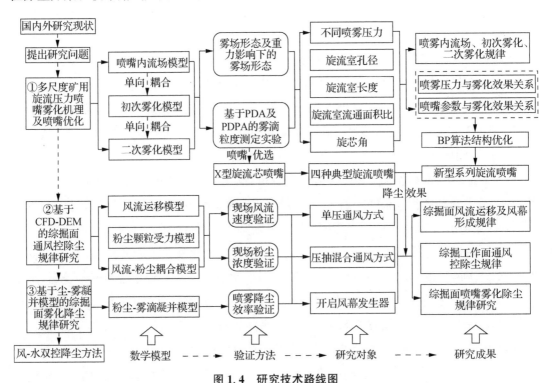

图 1.4　研究技术路线图

2 矿用旋流喷嘴雾化及尘-雾扩散凝并数学模型

2.1 多尺度旋流喷嘴雾化模型

目前矿用雾化喷嘴的研发基本依赖于实验测试,而精细、准确加工多组喷雾结构困难度较大,可操作性差,喷嘴内流场、初次雾化状态及关键性雾场参数无法通过喷嘴内部结构直接获取,为此本书提出了多尺度旋流喷嘴雾化模型。通常将旋流压力喷嘴雾化过程分为三个多尺度阶段:喷嘴内流场、初次雾化和二次雾化。具体过程为:在喷嘴内流场中液体在内部流道影响下呈现旋流特性,初次雾化是液体射流的解体,主要受湍流、空化、速度剖面松弛和液气特性等效应的影响[84-86],在细观尺度下液柱表面受速度波动发生界面拓扑(即液体表面曲率)变化,紧接着发生宏观尺度下的二次雾化,大雾滴分裂成小雾滴,直至完全雾化。

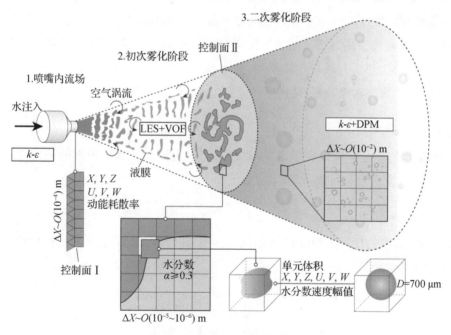

图 2.1 联合仿真模型原理图

具有复杂流道的喷嘴内流场($\Delta X \sim O(10^{-4})$ m)采用 k-ε 模型求解湍流特征,而后通过控制面 I 将速度及湍流强度值传递至初次雾化阶段;初次雾化阶段[$\Delta X \sim O(10^{-5} \sim 10^{-6})$ m]主要由于空气动力学引起液核破碎,可利用大涡模拟模型和 VOF 模型分别描述湍流特征和捕获气-液界面,获得初始液膜特征,而后通过控制面 II 将初始液膜特征及速度场值传递至二次雾化阶段;二次雾化阶段[$\Delta X \sim O(10^{-2})$ m]将连续相离散成雾滴颗粒,最后利用 k-ε 模型和 DPM 计算雾滴的进一步破碎,整个过程借助 C++语言搭建单向耦合模块,图 2.1 为原理图。

2.1.1 喷嘴内流场模型

多尺度联合仿真模型中水和空气均被视为不可压缩流体,不可压缩 Navier-Stokes 方程中的质量和动量守恒方程[87-89]为:

$$\frac{\partial}{\partial x_i}(\rho u_i) = 0 \tag{2.1}$$

$$\frac{\partial}{\partial x_j}(\rho u_i u_j) = -\frac{\partial p}{\partial x_i} + \rho g_i + \frac{\partial}{\partial x_j}\left[(\mu + \mu_t)\left(\frac{\partial u_i}{\partial x_j} + \frac{\partial u_j}{\partial x_i}\right)\right] \tag{2.2}$$

式中,ρ 表示空气密度,kg/m³;u_i、u_j 表示湍流波动中的平均速度,m/s;μ 表示层流黏度,Pa·s;μ_t 是湍流的黏性系数,Pa·s;g_i 表示 i 方向的重力加速度,m/s²。

喷嘴内流场是典型高雷诺数的湍流流动,雷诺平均(RANS)方法经常被用在高雷诺数的工况中,对流体力学方程进行雷诺平均,其中脉动项使用湍流模型封闭,即得到时均后的湍流模型方程[2,4,89]。对物理量,使用下述原则:

$$\phi = \bar{\phi} + \phi', \ \bar{\phi}' = 0, \ \overline{\bar{\phi}\phi'} = 0, \ \overline{\phi'} = \bar{\phi}, \ \overline{\bar{\phi}} = \bar{\phi} \tag{2.3}$$

为表述方便,下文采用 $\phi = \bar{\phi}$。在雷诺平均法中,将湍流流动处理成由时间平均流动和瞬时脉动流动这两个流动叠加而成,表示方法如下:

$$\phi = \bar{\phi} + \phi' \tag{2.4}$$

式中,ϕ 表示流动中的任一物理量;$\bar{\phi}$ 表示该物理量对时间的平均值;ϕ' 表示脉动值。其中时均值 $\bar{\phi}$ 的定义为[2,4,89]:

$$\bar{\phi} = \frac{1}{\Delta t}\int_t^{t+\Delta t}\phi(t)\mathrm{d}t \tag{2.5}$$

将式(2.5)代入瞬态下的连续性方程和动量方程,并对时间取平均值,省去对时间的平均值上划线符号,并引入张量中的指标符号,则可得湍流时均流动的控制方程[63,89]如下:

$$\frac{\partial \rho}{\partial t} + \frac{\partial}{\partial x_i}(\rho u_i) = 0 \tag{2.6}$$

$$\frac{\partial}{\partial t}(\rho u_i) + \frac{\partial}{\partial x_j}(\rho u_i u_j) = -\frac{\partial p}{\partial x_i} + \frac{\partial}{\partial x_j}\left(\mu \frac{\partial u_i}{\partial x_j} - \rho \overline{u_i' u_j'}\right) + S_i \tag{2.7}$$

$$\frac{\partial}{\partial t}(\rho \phi) + \frac{\partial}{\partial x_j}(\rho \phi u_i) = \frac{\partial}{\partial x_j}\left(\Gamma \frac{\partial \phi}{\partial x_j} - \rho \overline{\phi_i' u_j'}\right) + S \tag{2.8}$$

式(2.6)至式(2.8)是用张量的指标形式表示的时均连续性方程、动量方程及标量 ϕ 的时均输运方程,它们被称为雷诺方程,该方程中多出的项 $-\rho \overline{u_i' u_j'}$ 称为雷诺应力,即[89]:

$$\tau_{ij} = -\rho \overline{u_i' u_j'} \tag{2.9}$$

根据雷诺应力处理方式的不同,目前常用的湍流模型主要有雷诺应力模型和涡黏模型,其中涡黏模型在工程中应用较为广泛[90-92]。在涡黏模型方法中,引入一个重要参数,称为湍动黏度,对雷诺应力项不做直接处理,而是把湍流应力表示成湍动黏度的函数,整个计算的关键在于湍动黏度的确定。

湍动黏度的概念源于法国数学家 Joseph Valentin Boussinesq 提出的涡黏假设[93-95],该假设将雷诺应力与相对时均速度梯度建立函数关系:

$$-\rho \overline{u_i' u_j'} = \mu_t \left(\frac{\partial u_i}{\partial x_j} + \frac{\partial u_j}{\partial x_i}\right) - \frac{2}{3}\left(\rho k + \mu_t \frac{\partial u_i}{\partial x_i}\right)\delta_{ij} \tag{2.10}$$

式中,μ_t 表示湍流黏度;u_i 表示时均速度;δ_{ij} 表示克罗内克符号;k 表示湍动能,表达式为[89,93]:

$$k = \frac{\overline{u_i' u_j'}}{2} = \frac{1}{2}(\overline{u'^2} + \overline{v'^2} + \overline{w'^2}) \tag{2.11}$$

由此,雷诺应力的求解转化为湍动黏度 μ_t 的确定。根据所采用的微分方程的数量,涡黏模型可分为:零方程模型、一方程模型、双方程模型。其中双方程模型在工程中应用最为广泛。

双方程模型分为以下几种:标准(Standard)$k\text{-}\varepsilon$ 模型、重整化群(RNG)$k\text{-}\varepsilon$ 模型、可实现(Realizable)$k\text{-}\varepsilon$ 模型以及 $k\text{-}\omega$ 模型。标准 $k\text{-}\varepsilon$ 模型是最基本的两方程模型,它将湍动黏度 μ_t 表示为 $k\text{-}\varepsilon$ 的函数[95-97]:

$$\mu_t = \rho C_\mu \frac{k^2}{\varepsilon} \tag{2.12}$$

式中,C_μ 是经验常数,取 0.09;ε 表示湍动能耗散率,表达式为:

$$\varepsilon = \frac{\mu}{\rho} \overline{\left(\frac{\partial u_i'}{\partial x_j} \right)^2} \tag{2.13}$$

根据该定义,湍动能 k 所满足的微分输运方程可表示为:

$$\frac{\partial}{\partial t}(\rho k) + \frac{\partial}{\partial x_i}(\rho k u_i) = \frac{\partial}{\partial x_j}\left[\left(\mu + \frac{\mu_t}{\sigma_k} \right) \frac{\partial k}{\partial x_j} \right] + G_k + G_b - \rho\varepsilon - Y_M + S_k \tag{2.14}$$

湍动能耗散率 ε 的输运方程[95]为:

$$\frac{\partial}{\partial t}(\rho\varepsilon) + \frac{\partial}{\partial x_i}(\rho\varepsilon u_i) = \frac{\partial}{\partial x_j}\left[\left(\mu + \frac{\mu_t}{\sigma_\varepsilon} \right) \frac{\partial\varepsilon}{\partial x_j} \right] + C_{1\varepsilon}\frac{\varepsilon}{k}(G_k + C_{3\varepsilon}G_b) - C_{2\varepsilon}\rho\frac{\varepsilon^2}{k} + S_\varepsilon \tag{2.15}$$

式中,G_k 是由于平均速度梯度引起的湍动能 k 的产生项;G_b 是由于浮力引起的湍动能 k 的产生项,本书设模型与外界不发生传热,该项为 0;Y_M 表示可压湍流中脉动扩张的影响,本书模型中风流速度远小于声速,密度变化可以忽略,认为是不可压缩流动,因此该项取 0;$C_{1\varepsilon}$,$C_{2\varepsilon}$ 和 $C_{3\varepsilon}$ 是经验常数;σ_k 和 σ_ε 分别是湍动能 k 和湍动耗散率 ε 对应的普朗特数;S_k 和 S_ε 是用户定义的源项,本书取其为 0。

标准 k-ε 模型是高雷诺数湍流模型,而 RNG k-ε 模型相比标准 k-ε 模型,通过修正湍流黏度,考虑了平均流动中的旋转及旋流流动情况,在 ε 方程中增加了一项,反映了主流的时均应变率,可以更好地处理高应变率及流线弯曲程度较大的流动。

2.1.2 初次雾化模型

Hirt 和 Nichols[98] 提出了可求解气-液间自由面的 VOF 模型,通过定义衡量体积分数的 α 函数追踪气-液界面变化。α 函数是网格单元中流体体积与网格体积比的无量纲数,函数定义[89,98]为:

$$\alpha = \begin{cases} 1, & \text{液体} \\ 0 < \alpha < 1, & \text{气-液界面} \\ 0, & \text{气体} \end{cases} \tag{2.16}$$

气相和液相都被认为是不可压缩和不可混溶的,不可压缩 Navier-Stokes 方程求解质量和动量守恒方式[89,98]为:

$$\frac{\partial\rho}{\partial t} + \nabla \cdot \rho\boldsymbol{u} = 0 \tag{2.17}$$

$$\frac{\partial\rho\boldsymbol{u}}{\partial t} + \nabla \cdot \rho\boldsymbol{u}\boldsymbol{u} = -\nabla p + \rho g + \nabla \cdot [\mu(\nabla\boldsymbol{u} + \nabla\boldsymbol{u}^{\mathrm{T}})] + \sigma\kappa \nabla\alpha \tag{2.18}$$

其中 u、ρ、p、μ、σ、κ 和 α 分别表示速度大小、密度、压力、黏度、表面张力、表面曲率和指标场。等式右边包括压力梯度项、重力体力和黏性应力,黏性应力解释了由于表面张力而产生的毛细管力。

喷雾过程中气-液两相可视为混合均匀相,其各相参数视作由各相参数混合而成,密度和黏度表示[98]为:

$$\begin{cases} \rho = \alpha\rho_1 + (1-\alpha)\rho_g \\ \mu = \alpha\mu_1 + (1-\alpha)\mu_g \end{cases} \tag{2.19}$$

在 ANSYS Fluent 中,CSF 模型被使用,其中表面曲率是根据界面处表面法向的局部梯度计算的,通过 n 表示表面法向量,表面曲率表示为 $\kappa = \nabla \cdot n$。为了精确描述气-液界面的运动,在不进行人工平滑的情况下处理界面的跳跃现象,并考虑质量守恒,VOF 模型采用了水平集(LS)的算法[89]。

真实的湍流流动中,涡团的大小不一、涡的尺度范围广。在进行湍流研究中,人们尽可能希望计算网格的大小能分辨足够小的涡团,但就目前来说,能够使用的最小网格尺度也比最小涡尺度大得多。采用直接数值模拟可以得到整个流场数据,但计算成本太高,现今的计算能力还不能使之广泛使用;而采用雷诺平均(RANS)数值模拟时,由于采用的是时间平均,抹去了在时间上的脉动值,丢失了流场的很多信息;进而,大涡模拟(LES)成为人们的另一个选择[99-101]。

用 LES 方法计算湍流是从气象学界开始的。最早进行三维湍流计算的是气象学家 Smagorinsky[99],他所使用的就是大家熟知并仍在广泛采用的 Smagorinsky 亚格子尺度模型。后来,气象学家 Deardorff[102]首次用 LES 方法对具有工程意义的槽道流动进行了模拟,证明了湍流三维计算是可行的。之后,Schumann[103-104]也计算了湍流槽道流,并将 LES 方法推广到了圆柱几何边界。在计算中,他除了将亚格子尺度应力分为当地各向同性部分和非均匀部分外,还对亚格子尺度湍流动能采用了独立的偏微分方程。但由于只用了一个涡黏性模型,新增加的偏微分方程并没有改进计算结果。而后,Martin[105]对高精度差分格式的大涡模拟在高速流动中激波捕捉进行了研究。Urbin 和 Knight[106]使用非结构网格和有限体积法对超声速边界层进行了大涡模拟,并针对非结构网格提出了一套计算方法。Rizzeta[107]采用高精度数值方法,对超声速可压缩斜坡流动进行了大涡模拟。Mary 和 Sagaut[108]在大涡模拟研究中运用网格加密技术,通过局部网格加密,使计算所使用的网格尺寸与局部流动特征尺度接近,可以减少计算量,捕捉激波等复杂现象。Yan[109]等用大涡模拟研究了超声速平板边界层。Ham 等[110]用非结构大涡模拟研究了燃烧室中多相流的反应。Dahlström 和 Davidson[111]用混合 RANS/LES 方法研究了扩压器的流体流动。

　　LES 的基本思想可以归纳为：由于不可能在全尺度范围上对流场中的涡的瞬时运动进行模拟，人为采取一种措施，依照 Erlebacher 等人[112]的方法将流场分为可求解尺度量与不可求解尺度量。对于可求解尺度量，也称为大尺度量，其在流场中占据主导地位，也与流场初始条件及边界条件相关，同时具有各向异性的特点，可直接通过求解瞬时三维湍流方程组获得真实结构状态；而不可求解尺度量也称为小尺度涡，其由黏性力产生，基本不受流场与边界条件影响，具有各向同性。

　　上面定义中的大尺度和小尺度分别对应于湍流运动中的大涡和小涡，两者对整体流动有着不同的作用：

　　①大涡与平均流动有很强的相互作用，而小涡主要由大涡之间的非线性相互作用产生。

　　②大部分的质量、动量和能量输运都是由大涡承担的，小涡则起耗散这些脉动能量的作用，对平均流动的直接作用很小。

　　③大涡的结构受流场边界几何形状和具体流动特性影响较大，因此具有明显的各向异性；小涡的流动特性则几乎不受影响，具有较大的各向同性，因而便于构造湍流模型。

　　④大涡时间尺度接近平均流的时间尺度，小涡的产生和衰亡要快得多。

　　由此可见，区别大涡和小涡的关键在于看它是否受边界几何形状的影响，是否具有各向同性。对于小尺度涡对大尺度涡的运动影响，通过引入附加应力项来表现，即亚格子尺度模型。基于 Boussinesq 提出的过滤模型，亚格子尺度应力[113]为：

$$\tau_{ij} - \frac{1}{3}\tau_{kk}\delta_{ij} = -2\mu_t \overline{S}_{ij} \tag{2.20}$$

其中，τ_{kk} 表示亚格子尺度应力各向同性部分，对于不可压缩流体可被添加至过滤压力中，忽略不计，$\overline{S}_{ij}$ 表示应变率张量，$\overline{S}_{ij} = 1/2(\partial \overline{u}_i/\partial x_j + \partial \overline{u}_j/\partial x_i)$，$\mu_t$ 表示亚格子尺度湍流黏度，其计算方法采用 Smagorinsky-Lill 模型，该模型由 Smagorinsky[114] 于 1963 年提出，亚格子尺度湍流黏度定义为[114]：

$$u_t = \rho L_s^2 |\overline{S}| \tag{2.21}$$

其中，L_s 表示亚格子尺度混合长度，$L_s = \min(\kappa d, C_s\Delta)$，$C_s$ 表示 Smagorinsky 常数，取值为 0.1，Δ 是局部网格比例，$\Delta = V^{1/3}$。

　　湍动能单方程模型由 Kim 和 Menon 提出，类似 RANS 的构想，在运动方程组中增加一个湍动能 k^{sgs} 输运方程，并将亚格子应力 τ_{ij}^{sgs} 通过 Boussinesq 假设构建关于 k^{sgs} 的函数关系式[89,114]：

$$\tau_{ij}^{sgs} = -2C_k k^{sgs0.5}\Delta \overline{S_{ij}} + \frac{2}{3}k^{sgs}\delta_{ij} \tag{2.22}$$

湍动能的输运方程为：

$$\frac{\partial(\bar{\rho}\overline{k^{sgs}})}{\partial t}+\frac{\partial(\bar{\rho}\overline{u_j}\overline{k^{sgs}})}{\partial x_j}=-\tau_{ij}\frac{\partial(\bar{\rho}\overline{u_i})}{\partial x_j}-C_\varepsilon\frac{k^{sgs3/2}}{\Delta}+\frac{\partial}{\partial x_j}\left(\frac{\mu_t}{Pr_k}\frac{\partial k^{sgs}}{\partial x_j}\right) \tag{2.23}$$

式中，涡黏度 $\mu_t=C_\mu k^{sgs0.5}\Delta$，$C_\mu=0.07$，$C_\varepsilon=1.05$ 是常数。

如何对 υ_T 构筑湍流模型，在实际应用中已出现了多种不同的形式：常系数 Smagorinsky 模型，动态 Smagorinsky 模型等。

1）常系数 Smagorinsky 模型

它是一种基于涡黏性假设的涡黏模型。其基本形式为[89]：

$$\upsilon_T=C_s\Delta^2\sqrt{\overline{S_{ij}}\overline{S_{ij}}} \tag{2.24}$$

式中，$\overline{S_{ij}}$ 亚格子尺度流场的流体应变率张量[89]：

$$\overline{S_{ij}}=\frac{1}{2}\left(\frac{\partial\overline{u_i}}{\partial x_j}+\frac{\partial\overline{u_j}}{\partial x_i}\right) \tag{2.25}$$

其中，Δ 为网格特性尺寸，一般情况下，取为 $\Delta=(\Delta x\Delta y\Delta z)^{1/3}$ 或 $\Delta=[(\Delta x)^2+(\Delta y)^2+(\Delta z)^2]^{1/2}/\sqrt{3}$；$C_s$ 为一经验常数，需要针对不同类型的流动取不同的值，一般取为 0.2 左右，而且对强烈各向异性的湍流（如壁面湍流），C_s 不可能保持常数。

2）动态 Smagorinsky 模型

为了克服上述常系数模型的弊端，Germano 等人[115]提出一种动态 Smagorinsky 模型，其实质就是把系数 C_s 从常数改进为时间与空间的函数，使模型具有更广泛的适应性，特别是在固壁附近，它能自动对湍流黏度施加一种限制，从而无须在湍流方程中另外引入专门的阻尼系数。这样，该模型可以适用于包括近壁区在内的复杂湍流。其关键措施是根据由两种不同过滤宽度计算得出的亚格子应力之差来确定系数 C_s。引入两个过度宽度：$\bar{\Delta}$ 和 $\vec{\Delta}$，可分别称为"主滤波器"和"实验滤波器"，且 $\vec{\Delta}>\bar{\Delta}$，通常取为 $\vec{\Delta}=2\bar{\Delta}$。任意变量 ϕ 经过主滤波和实验滤波后可分别表示为 $\bar{\phi}$ 和 $\vec{\phi}$。两种滤波所产生的亚格子应力分别为 τ_{ij} 和 T_{ij}。由于试验滤波的作用是施加在经过主滤波之后假想的二次滤波，故有[89]：

$$L_{ij}=T_{ij}-\tau_{ij}=\overrightarrow{\overline{u_iu_j}}-\overrightarrow{\overline{u_i}}\,\overrightarrow{\overline{u_j}} \tag{2.26}$$

L_{ij} 的物理意义是尺度介于 $\bar{\Delta}$ 和 $\vec{\Delta}$ 之间的湍涡运动所产生的应力，进一步可推出：

$$L_{ij}=-2C_s\overline{\Delta^2}M_{ij} \tag{2.27}$$

其中，

$$M_{ij} = \overline{S}\,\overline{S}_{ij} - (\vec{\overline{\Delta}}/\overline{\Delta})^2 \overline{S}\,\overline{S}_{ij} \tag{2.28}$$

式中 $S = 2(\overline{S}_{ij}\overline{S}_{ij})^{1/2}$。最后根据方程(2.27)，并满足等式成立且误差最小的约束，即用最小二乘法得到：

$$C_s\,\overline{\Delta^2} = \frac{\langle L_{ij}M_{ij}\rangle}{2\langle M_{kl}M_{kl}\rangle} \tag{2.29}$$

其中〈·〉表示在空间均匀的方向上取平均，此即动态 SGS 系数的计算公式。它在近年来的 LES 研究和计算中得到广泛的应用，本书采用的便是动态的 Smagorinsky 模型。此外，模拟过程中二阶隐式(Second-order implicit)被选择，Jasak 等人[116]通过非线性通量限制方案离散动量方程中的对流项，提出了 implicit LES (ILES)方法。ILES 方法已成功应用于各种流动工况中，包括均匀湍流[117]、自由剪切流[118]、壁面边界流[119]以及涉及反应的喷雾过程[120-121]等多种物理应用。

2.1.3　二次雾化模型

矿用旋流压力喷嘴内置了 X 型旋流芯结构，使喷出的液柱具有了旋流特性，中心液核与外围液膜存在速度差，喷嘴一段距离内形成的雾场近似为圆锥体[122-128]，由于雾化形成的雾滴粒径小、数量多，雾场圆截面上的雾滴围绕圆心可视为均匀分布，为了减少瞬态计算及单向耦合引起的雾场不对称性，提出雾滴恒半径随机生成方法，如图 2.2 所示。利用随机函数生成转换角度 θ，分别于不同轨道恒定半径(R_1，R_2)上生成 n 个新雾滴发射点，利用"颗粒群"概念[161]实现质量守恒，从而完成转换位置(x_{old}, y_{old})到生成位置(x_{new}, y_{new})的转换，雾滴速度也由(u_{old}, v_{old}, w_{old})转换成(u_{new}, v_{new}, w_{new})，其中雾滴位置及速度的转换公式如下：

$$\begin{cases} x_{new} = \sqrt{(x_{old}-x_0)^2+(y_{old}-y_0)^2} \cdot \cos(\theta \cdot \pi/180) \\ y_{new} = \sqrt{(x_{old}-x_0)^2+(y_{old}-y_0)^2} \cdot \sin(\theta \cdot \pi/180) \end{cases} \tag{2.30}$$

$$\begin{bmatrix} u_{new} \\ v_{new} \\ w_{new} \end{bmatrix} = \begin{bmatrix} \cos(\theta) & \sin(\theta) & 0 \\ -\sin(\theta) & \cos(\theta) & 0 \\ 0 & 0 & 1 \end{bmatrix} \begin{bmatrix} u_{old} \\ v_{old} \\ w_{old} \end{bmatrix} \tag{2.31}$$

在二次雾化过程中大颗粒雾滴破碎成更小的雾滴，其主要是由空气动力驱动的[88]。1982 年，Reitz 和 Bracco[24]在研究液体在高压下通过小圆孔，喷入静止的不可压缩气体中

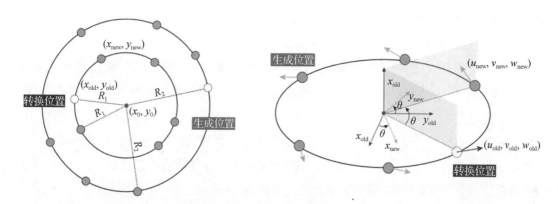

图 2.2 雾滴恒半径随机生成方法

时,创建了射流破裂的 KH(Kelvin-Helmholtz Instability)模型。但 K-H 不稳定理论只适用于射流表面的破碎过程,而不能应用于直接暴露于空气的液滴,因此难以完整地描述液滴破碎过程。

此后,O'Rourke 和 Amsden[129-131]提出了泰勒比拟破碎模型(Taylor's Analogy Breakup model,TAB)。它是以液滴振动变形与弹簧质量系统间的比拟关系作为基础,将空气动力、液滴表面张力、液体的黏性力分别与弹簧质量系统的外力、弹簧恢复力、弹簧阻尼力相比拟,建立液滴变形的控制方程。TAB 模型大体上均是在较低速度下的液滴破碎机理,对高压喷射下液滴破碎过程计算误差较大。此外,还有用来描述气液混合区液滴破碎过程的Reyleigh-Taylor (R-T)波雾化模型。R-T 表面波不稳定理论用于描述在空气中高速运动的液滴受到空气阻力作用而减速,导致在液滴背风面产生不稳定波而分裂出小液滴的过程。

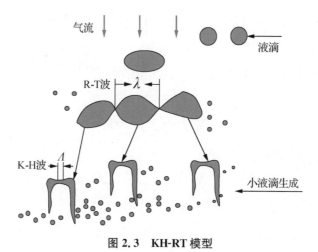

图 2.3 KH-RT 模型

1995 年,Reitz 等[132]提出比较适合于喷射应用的高速液滴破碎机理,如图 2.3 所示。球形液滴在垂直方向气流的作用下变成扁平形,在 R-T 不稳定表面波的作用下,加速液滴扁平化,并分裂出一些大尺度碎片;然后在更短波长的 K-H 不稳定表面波作用下把大尺度碎片割成液丝,生成更细的液滴,液滴群的集合体即为液束。

根据 Liu 和 Reitz 的研究[133],随着破碎行为的增加,二次雾化破碎机制普遍被分为 bag, stripping (shear)和 catastrophic 三种破碎方式,无量纲参数韦伯数(We)提供了破碎行为的特征度量[134-135],$We = \rho L U^2 / \sigma$,L 表示特征长度,U 为特征流速。旋流压力喷嘴的二次雾化阶段雾滴韦伯数超过 10 000,因此采用空气动力驱动 KH 模型,结合自由流中喷射出的雾滴加速驱动的 RT 方法求解二次破碎。KH-RT 模型假设在喷嘴附近存在一束液核,子雾滴从液核中分裂出并加速,并受 RT 不稳定性的影响,液核的长度[89]可以表示为:

$$L = C_L d_0 \sqrt{\frac{\rho_1}{\rho_g}} \tag{2.32}$$

其中 C_L,d_0 分别表示 Levich 常数和参考喷嘴直径,$C_L = 5.7$。液芯只有气动破碎,新雾滴的半径 $r = B_0 \Lambda$,B_0 是一个常数。其破碎时间 $\tau = 3.726 B_1 a / \Lambda\Omega$,其中 B_1 是破碎时间常数;a 表示雾滴半径的变化率,Λ 和 Ω 被包含在下式[89]中:

$$\frac{\Lambda}{a} = 9.02 \frac{(1+0.45 Oh^{0.5})(1+0.4 Ta^{0.7})}{(1+0.87 We_g^{1.67})^{0.6}} \tag{2.33}$$

$$\Omega \sqrt{\frac{\rho_1 a^3}{\sigma}} = \frac{0.34+0.38 We_g^{1.5}}{(1+Oh)(1+1.4 Ta^{0.6})} \tag{2.34}$$

其中 $Oh = \sqrt{We_1}/Re_1$ 表示 Ohnesorge 数,$Ta = Oh \sqrt{We_g}$ 表示泰勒数。$We_1 = \rho_1 U^2 a / \sigma$,$We_g = \rho_g U^2 a / \sigma$ 和 $Re_1 = Ua / \nu_1$ 分别表示液体韦伯数、气体韦伯数和雷诺数,ν_1 是液体运动黏度。

RT 模型基于液滴表面的波不稳定性,增长最快的波频率由以下公式[89]计算:

$$\Omega_{RT} = \sqrt{\frac{2 \left[-g_t (\rho_p - \rho_g) \right]^{3/2}}{3 \sqrt{3\delta} (\rho_p + \rho_g)}} \tag{2.35}$$

其中 g_t 表示雾滴加速度,波数定义为:

$$K_{RT} = \sqrt{\frac{-g_t (\rho_p - \rho_g)}{3\sigma}} \tag{2.36}$$

当 RT 波的时间增长到 τ_{RT} 时发生破碎,τ_{RT} 被给出:

$$\tau_{RT} = \sqrt{\frac{C_\tau}{\Omega_{RT}}} \tag{2.37}$$

其中 C_τ 为 Rayleigh-Taylor 破碎时间常数,取值为 0.5。

2.2 风流场运移模型

综掘工作面风流采用欧拉方法进行描述,其运动遵从流体力学基本定律,连续性方程和动量方程可以被分别表达为以下形式[2,136-137]:

质量守恒方程,或者连续性方程可以被写为:

$$\frac{\partial \rho}{\partial t} + \nabla \cdot (\rho \vec{v}) = S_m \tag{2.38}$$

公式(2.38)是质量守恒方程最常见的形式,适用于可压缩和不可压缩流体。S_m 表示源项,可通过用户自定义的方式进行添加。

风流的动量守恒方程可被写成下面这种形式[2,74]:

$$\frac{\partial}{\partial t}(\rho \vec{v}) + \nabla \cdot (\rho \vec{v} \vec{v}) = -\nabla p + \nabla \cdot (\rho \bar{\bar{\tau}}) + \rho \vec{g} + \vec{F} \tag{2.39}$$

其中 p 表示静压,$\bar{\bar{\tau}}$ 表示应力张量,$\rho \vec{g}$ 表示重力,$\vec{F}$ 表示其他独立的力,如多孔介质和用户定义的源项。

应力张量 $\bar{\bar{\tau}}$ 由下面的公式定义:

$$\bar{\bar{\tau}} = \mu \left[(\nabla \vec{v} + \nabla \vec{v}^{\mathrm{T}}) - \frac{2}{3} \nabla \cdot \vec{v} \boldsymbol{I} \right] \tag{2.40}$$

其中 μ 表示摩尔黏度,$\boldsymbol{I}$ 是单位张量,右边的第二项表示体积膨胀效应。

由于综掘面作业环境相对复杂,风流场内湍流效应较强,局部区域的雷诺数高达 10^6 以上,选取合适的风流湍流模型尤为重要[136-137]。目前可用于求解湍流流动的数值模拟方法主要有两种——直接数值模拟法(DNS)和非直接数值模拟法,其中后者又包括了雷诺平均法(RANS)和大涡模拟法,在工程领域中应用最为广泛的是雷诺平均法,在本书的数值模拟中也选用这种方法。

为了弥补标准 $k\text{-}\varepsilon$ 模型适用范围的不足,相应的修正模型逐渐被提出和应用。RNG $k\text{-}\varepsilon$ 模型从理论上推导出了高雷诺数的 $k\text{-}\varepsilon$ 模型,所得出的 $k\text{-}\varepsilon$ 方程形式上与标准 $k\text{-}\varepsilon$ 模型完全一致,但在其基础上做了进一步的完善,使之对旋转流动和近壁低雷诺数流动具有较好的适应性[4,89-91]。表示如下:

$$\frac{\partial}{\partial t}(\rho k) + \frac{\partial}{\partial x_i}(\rho k u_i) = \frac{\partial}{\partial x_j}\left[\alpha_k \mu_{\mathrm{eff}} \frac{\partial k}{\partial x_j} \right] + G_k + G_b - \rho \varepsilon - Y_M + S_k \tag{2.41}$$

$$\frac{\partial}{\partial t}(\rho\varepsilon) + \frac{\partial}{\partial x_i}(\rho\varepsilon u_i) = \frac{\partial}{\partial x_j}\left[\alpha_\varepsilon\mu_{\text{eff}}\frac{\partial\varepsilon}{\partial x_j}\right] + C_{1\varepsilon}\frac{\varepsilon}{k}(G_k + C_{3\varepsilon}G_b) - C_{2\varepsilon}\rho\frac{\varepsilon^2}{k} - R_\varepsilon + S_\varepsilon \tag{2.42}$$

式中 α_k、α_ε 是 k 方程和 ε 方程的湍流 Prandtl 数。

2.3　离散颗粒受力模型

Fluent 中嵌入了 DPM 模型,该模型忽略了颗粒与颗粒、颗粒对风流的受力等,在计算量较大的实际工程问题中得到了广泛应用。离散单元法(Discrete Element Method,DEM)最早起源于 1970 年,近些年在很多涉及离散及非连续现象的问题中得到了广泛应用和验证[138-140],相比 DPM 模型受力模型更加完善,但计算量往往较大。本书对于需精确仿真的粉尘扩散污染问题选择离散颗粒模型,对于涉及风-尘-雾耦合三相流的粉尘和雾滴复杂凝并模拟采用 DPM 模型。对颗粒施加重力、虚假质量力、Magnus 力、布朗力、流场作用力、电磁场力等外力,以得到单位时间步长内颗粒的运动加速度和位移。作用在颗粒上力的总和可被表示为下式,一些力由于颗粒与空气之间的高密度差太小可被忽略[141-150]。

$$\rho_p V_p \frac{\mathrm{d}\vec{u}_p}{\mathrm{d}t} = \overbrace{\frac{\pi d_p^2}{8}\rho_g C_D(\vec{u}-\vec{u}_p)|\vec{u}-\vec{u}_p|}^{\text{曳力}} + \overbrace{\pi d_p^3 \vec{g}\frac{(\rho_p-\rho_g)}{6}}^{\text{重力+浮力}} + \overbrace{\frac{\rho_g V_p}{2}\left(\frac{\mathrm{d}\vec{u}}{\mathrm{d}t}-\frac{\mathrm{d}\vec{u}_p}{\mathrm{d}t}\right)}^{\text{虚拟质量力}}$$
$$\underbrace{-V_p\left(\frac{\partial P}{\partial x}\right)}_{\text{压力梯度力}} + \underbrace{1.61\sqrt{\mu\rho_g}\,d_p^2(\vec{u}-\vec{u}_p)\sqrt{\left|\frac{\mathrm{d}\vec{u}}{\mathrm{d}x}\right|}}_{\text{萨夫曼升力}} \tag{2.43}$$

其中 $\vec{u}_p$ 表示颗粒速度矢量(m/s),V_p 表示颗粒体积,C_D 表示曳力系数,一种针对雾滴颗粒的常见修正可被表示为:

$$C_D = \begin{cases} 24/Re, & Re<0.1 \\ 24\times\left(1+\frac{1}{6}Re_d^{2/3}\right)/Re, & 0.1\leqslant Re\leqslant 1\,000 \\ 0.44, & Re>1\,000 \end{cases} \tag{2.44}$$

其中 Re 表示雷诺数,$Re=\rho_g d_p |\vec{u}_p-\vec{u}|/\mu$[89]。

粉尘颗粒的运动是相互独立的,只有当发生接触时才会在接触点处产生相互作用。EDEM 软件提供了颗粒间、颗粒与壁面间的接触力和扭矩的精准描述模型,图 2.4 所示为发生在颗粒上的碰撞行为。本书选取经典的 HertzMindlin(no slip)模型[150-154]。在 i 和 j 方向上的颗粒间正应力 $F_{n,ij}$ 可被表示为[145-154]:

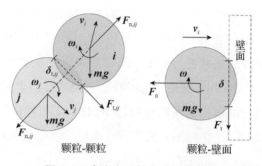

图 2.4　发生在颗粒上的碰撞行为

$$F_{n,ij} = \frac{4}{3} Y^* \sqrt{R^*}\, \delta_{n,ij}^{3/2} - F_{n,ij}^{d} \tag{2.45}$$

$$F_{n,ij}^{d} = -2\sqrt{\frac{5}{6}}\, \frac{\ln e}{\sqrt{\ln^2 e + \pi^2}} \sqrt{S_{n,ij} m^* v_n} \tag{2.46}$$

$$S_{n,ij} = 2Y^* \sqrt{R^* \delta_{n,ij}} \tag{2.47}$$

其中 Y^* 是等效杨氏模量，m^* 表示颗粒质量，R^* 表示等效半径，$\delta_{n,ij}$ 表示法向重叠量，$S_{n,ij}$ 表示法向刚度，v_n 表示相对速度的法向分量，e 表示恢复系数。

切应力 $F_{t,ij}$ 由切向重叠量 $\delta_{t,ij}$ 和切向刚度 $S_{t,ij}$ 决定，并受库仑摩擦 $\mu_s F_{n,ij}$ 的限制，其中 μ_s 表示静摩擦系数，G^* 表示剪切模量。

$$F_{t,ij} = -\delta_{t,ij} S_{t,ij} - F_{t,ij}^{d} \tag{2.48}$$

$$F_{t,ij}^{d} = -2\sqrt{\frac{5}{6}}\, \frac{\ln e}{\sqrt{\ln^2 e + \pi^2}} \sqrt{S_{t,ij} m^* v_t} \tag{2.49}$$

$$S_{t,ij} = 8G^* \sqrt{R^* \delta_{n,ij}} \tag{2.50}$$

由力产生的力矩可被表示为：

$$T_{t,ij} = L_{ij} \vec{n}_{ij} \times \vec{F}_{t,ij} \tag{2.51}$$

$$T_{r,ij} = -\mu_r L_{ij} |\vec{F}_{n,ij}| \frac{\vec{\omega}_{ij}}{|\vec{\omega}_{ij}|} \tag{2.52}$$

其中 L_{ij} 表示颗粒 i 球体中心位置到颗粒 j 接触面的距离，$\vec{n}_{ij}$ 表示两个接触颗粒之间的法向单位矢量，$\vec{\omega}_{ij}$ 是颗粒在接触点的角速度矢量。

2.4　风流影响下的雾滴与粉尘扩散模型

在基于 CFD-DEM 耦合的粉尘颗粒追踪方法中，由于综掘面粉尘体积远远低于计算域体积的 10%，粉尘对风流的反作用力可忽略，仅考虑综掘面稳定风流对粉尘的作用力。本书借助 EDEM 软件中的 API 耦合接口，将粉尘颗粒在流场中的受力特征加载到 EDEM 颗粒运动求解方程中，整个模块的加载通过 C++语言实现。在基于 CFD-DPM 耦合颗粒追踪方法中，考虑风流粉尘、雾滴多相的区别，即风流视为连续相，粉尘和雾滴可视为离散相。将主体相视为连续相，而将分散相视为离散颗粒，此时对主体相利用欧拉方法计算，而对于离散相利用方法进行粒子示踪，建立综掘面风流-颗粒耦合流动的模型[155-159]。

颗粒相密度连续方程（$\rho_p = \alpha_s \rho_s$）[89,160]

$$\frac{\partial(\alpha\rho)_g}{\partial t} + \frac{\partial(\alpha\rho U_i)_g}{\partial x_i} = -\frac{\partial}{\partial x_i}\left[\overline{(\alpha\rho)'_g U'_{i,g}}\right] \tag{2.53}$$

颗粒动量方程：

$$\frac{\partial(\alpha\rho U_j)_s}{\partial t} + \frac{\partial(\alpha\rho U_i U_j)_s}{\partial x_i} = -\alpha_s\frac{\partial P}{\partial x_j} + \alpha_s\rho_s g_j + \beta_j(U_{j,g} - U_{j,s}) - \tag{2.54}$$
$$\frac{\partial}{\partial x_i}(\rho p \overline{U'_{j,s}U'_{i,s}}) - \frac{\partial}{\partial x_i}(U_{j,s}\overline{\rho'_p U'_{i,s}} + U_{i,s}\overline{\rho'_p U'_{j,s}})$$

假设 $\prod_{i,j} = \overline{\prod}_{i,j}$

$$\prod_{i,j} = -P_s + \xi_s\delta_{i,j}\frac{\partial U_{k,s}}{\partial x_k} + \mu_s\left[\left(\frac{\partial U_{j,s}}{\partial x_i} + \frac{\partial U_{i,s}}{\partial x_j}\right) - \frac{2}{3}\delta_{i,j}\frac{\partial U_{k,s}}{\partial x_k}\right] \tag{2.55}$$
$$= -P_s + \left(\xi_s - \frac{2}{3}\mu_s\right)\delta_{i,j}\frac{\partial U_{k,s}}{\partial x_k} + \mu_s\left(\frac{\partial U_{j,s}}{\partial x_i} + \frac{\partial U_{i,s}}{\partial x_j}\right)$$

颗粒温度方程，Θ 方程：

$$\frac{3}{2}\left[\frac{\partial}{\partial t}(\alpha\rho\Theta)_s + \frac{\partial}{\partial x_i}(\alpha\rho U_i\Theta)_s\right] \tag{2.56}$$
$$= \prod_{i,j}\frac{\partial U_{j,s}}{\partial x_i} + \frac{\partial}{\partial x_i}\left(\Gamma_\Theta\frac{\partial\Theta}{\partial x_i}\right) - \gamma - \frac{3}{2}\rho_p\overline{U'_{i,s}\Theta} - \frac{3}{2}\frac{\partial}{\partial x_i}(\Theta\overline{\rho'_p U'_{i,s}} + U_{i,s}\overline{\rho'_p\Theta'})$$

气相和颗粒相的雷诺应力采用涡黏性系数模型封闭：

$$-\alpha_g\rho_g\overline{U'_{j,g}U'_{i,g}} = \mu_{g,t}\left(\frac{\partial U_{j,g}}{\partial x_i} + \frac{\partial U_{i,g}}{\partial x_j}\right) \tag{2.57}$$

$$-\rho_p\overline{U'_{j,s}U'_{i,s}} = \mu_{s,t}\left(\frac{\partial U_{j,s}}{\partial x_i} + \frac{\partial U_{i,s}}{\partial x_j}\right) \tag{2.58}$$

其他形式的湍流关联具有相似形式 $\overline{U'_{i,s}\phi'}$，ϕ 为任意标量。

$$-\overline{U'_{i,s}\phi'}=\frac{\upsilon_{s,t}}{\sigma_p}\frac{\partial\phi}{\partial x_i} \tag{2.59}$$

对于三阶关联,如 $\overline{\phi'_1\phi'_2\phi'_3}$,以及两标量的关联,如 $\overline{\rho'_p\Theta'}$,在模型中忽略。

式(2.59)中因湍流关联产生的气相湍流黏度由气相的 k-ε 模型封闭,而颗粒相湍流采用 k_p 模型,k_p 定义为: $k_p=\frac{1}{2}(\overline{U'_{i,s}U'_{j,s}})$,即由湍流机制造成的颗粒速度脉动能。

颗粒湍能方程,k_p 方程[89]

$$\frac{\partial}{\partial t}(\rho_p k_p)+\frac{\partial}{\partial x_k}(\rho_p U_{s,k}k_p) \tag{2.60}$$
$$=\frac{\partial}{\partial x_k}\left(\frac{\mu_{s,t}}{\sigma_s}\frac{\partial k_p}{\partial x_k}\right)+G_{kp}-\rho_p\varepsilon_p+\frac{\partial}{\partial x_k}\left(k_p\frac{\upsilon_{t,s}}{\sigma_s}\frac{\partial\rho_p}{\partial x_k}\right)$$

其中,

$$G_{kp}=\mu_{s,t}\left(\frac{\partial U_{j,s}}{\partial x_i}+\frac{\partial U_{i,s}}{\partial x_j}\right)\frac{\partial U_{i,s}}{\partial x_k} \tag{2.61}$$

$$\varepsilon_p=\frac{2}{\tau_{rp}}(C_p^k\sqrt{kk_p}-k_p) \tag{2.62}$$

值得提出的是,由于缺乏可靠的关联,本模型忽略了颗粒相湍流对颗粒温度方程及气固曳力作用的影响。

2.5 综掘面粉尘-雾滴凝并计算模型

2.5.1 液膜的破碎及雾化经验模型

液膜破碎雾化理论认为雾化主要是由液膜的不稳定而引起的,液体从喷嘴喷出后,形成液膜,由于液膜的不稳定性而引起波动并逐渐增长,直至半个波长或整个波长的液膜被撕裂下来,然后由于液体表面张力的作用再收缩成雾滴[161-167]。根据 X 型旋流芯喷嘴的雾化特性,考虑到粉尘-雾滴凝并模型的计算量,选择了压力旋流雾化经验模型,如图 2.5[89]。液体从喷嘴喷出后分裂出液膜,与空气相互作用形成更小的液滴,在阻力、碰撞、聚集和二次破碎的共同作用下,液滴被破碎成许多细小的液滴。

在喷嘴出口处的液膜厚度被记为 t,相应的流量关系为[89]:

$$\begin{cases}\dot{m}_{eff}=\pi\rho_1 ut(d_{inj}-t),\\[2mm]\dot{m}_{eff}=2\pi\frac{\dot{m}}{\Delta\phi},\quad\Delta\phi=\phi_{stop}-\phi_{start},\end{cases} \tag{2.63}$$

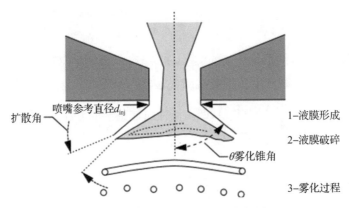

图 2.5　从喷嘴内流场到外流场雾化过程

其中 d_{inj} 表示喷嘴参考直径,u 表示喷嘴出口处轴向速度分量,ρ_l 表示液体密度,$\dot{m}_{eff}$ 表示用户指定的质量流量,$\Delta\phi$ 表示雾化锥角,ϕ_{start} 和 ϕ_{stop} 表示雾化起始和终止角度。雾滴数量主要由喷嘴内部结构细节决定,难以通过第一定律计算得到,在本研究中采用 Han 等人[162]提出的计算方法代替。

雾滴的速度由喷雾压力决定[89,162]:

$$U = k_v \sqrt{2\frac{\Delta p}{\rho_l}} \tag{2.64}$$

其中,k_v 表示速度系数,Δp 表示压力变化量。

压力旋流雾化模型考虑了周围空气、液体黏度和表面张力对液膜破碎的影响。为了得到一个更准确的结果,在计算气-液相对速度时,用户可自定义空气速度,以此避免喷雾参数过于依赖喷射位置,未充分解析的气相速度场[162]。

该模型中假定厚度为 $2h$ 的液膜在静止、无黏性、不可压缩的气体介质中运动,速度为 U。液体和气体的密度分别为 ρ_l 和 ρ_g,液体的黏度为 μ_l,液膜移动的同时,局部坐标系也随之移动,微小波扰动谱被应用在最初的流动[89,162]中:

$$\eta = \eta_0 e^{ikx + \omega t} \tag{2.65}$$

波扰动谱将导致液体和气体产生速度和压力的波动。其中,η_0 表示初始波幅,$k = 2\pi/\lambda$ 表示波数,$\omega = \omega_r + i\omega_i$ 表示复增长率,ω_r 为不稳定扰动的最大值,假设它是造成液膜破裂的关键因素。由此不稳定扰动最大值与波数之间的表达式为:

$$\omega = \omega(k) \tag{2.66}$$

2.5.2 雾滴与雾滴碰撞模型

O'Rourke 算法[89,163]使用碰撞体积的概念来计算雾滴碰撞概率，两个液滴的碰撞是从较大雾滴方面推导出来的，该雾滴称为雾滴收集器。该算法计算了小雾滴在碰撞体积内的概率，假设液滴在单元内任何位置的概率是一致的，那液滴在碰撞体积内概率为液滴体积的比值。此外，碰撞次数的概率分布 $P(n)$ 遵循泊松分布[89]：

$$\begin{cases} \bar{n} = \dfrac{N_d \pi (r_1 + r_2)^2 v_{rel} \Delta t}{V}, \\ P(n) = e^{-\bar{n}} \dfrac{\bar{n}^n}{n!}, \end{cases} \tag{2.67}$$

其中 r_1，r_2，n，$\bar{n}$，N_d，v_{rel} 分别表示收集器雾滴半径、较小的雾滴半径、收集器与较小雾滴之间的碰撞次数、收集器雾滴的平均预期碰撞次数、收集器雾滴与其他雾滴之间的碰撞次数、收集器雾滴和小雾滴间的相对速度。

根据 O'Rourke 的研究，两个雾滴的碰撞结果可分为聚合和反弹两种方式[163]，并通过临界偏移量判定，临界偏移量是韦伯数和两个雾滴半径的函数[89]：

$$b_{crit} = (r_1 + r_2) \sqrt{\min\left(1.0, \frac{2.4 f}{We}\right)} \tag{2.68}$$

其中 f 是 r_1/r_2 的函数：

$$f\left(\frac{r_1}{r_2}\right) = \left(\frac{r_1}{r_2}\right)^3 - 2.4 \left(\frac{r_1}{r_2}\right)^2 + 2.7 \left(\frac{r_1}{r_2}\right) \tag{2.69}$$

计算值 b_{crit} 与 b 比较，$b = (r_1 + r_2)\sqrt{Y}$，Y 是 0 到 1 之间的随机数，如果 $b < b_{crit}$，则判定为聚合。若两个雾滴为侧面碰撞，假设雾滴由于黏性耗散和角动量损失了部分动能，O'Rourke 推导出新的速度表达式[163]：

$$v_1' = \frac{m_1 v_1 + m_2 v_2}{m_1 + m_2} + \frac{m_2 (v_1 - v_2)}{m_1 + m_2} \left(\frac{b - b_{crit}}{r_1 + r_2 - b_{crit}}\right) \tag{2.70}$$

2.5.3 雾滴-粉尘碰撞模型

水雾之所以能捕集空气中飞扬的粉尘，是靠惯性碰撞、截留、重力、静电力、布朗扩散等多种机理的综合作用[4,164-166]，典型的喷雾降尘机理如图 2.6 所示。一般来说，只考虑惯性碰撞、截留、布朗扩散和静电力四种机理的作用。

1) 惯性碰撞

气流在运动过程中如果遇到雾滴，会改变气流方向，绕过物体进行流动，其中细小的粉尘随气流一起绕流；而粒径较大的粉尘由于具有较大的惯性，使得它们不能沿流线绕过雾滴，仍保持其原来方向运动而碰撞到雾滴，从而被雾滴捕集。

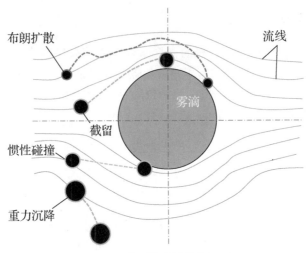

图2.6 典型的喷雾降尘机理

Herne对势流提出的效率计算式为(设雾滴为圆球体):

当 $S_{tk} > 0.3$ 时[2,4],

$$\eta_I = \frac{S_{tk}^2}{(S_{tk}+0.25)^2} \tag{2.71}$$

式中,$S_{tk} = \rho_p d_p^2 v_0 / (18\mu d_c)$ 称为惯性碰撞参数;ρ_p 为粉尘密度,kg/m³;d_p 为粉尘直径,m;v_0 为雾滴与粉尘的平均相对运动速度,m/s;μ 为空气动力黏度,Pa·s;d_c 为雾滴直径,m。由上式可以看出,惯性碰撞效率随着粉尘直径的增大和水雾粒直径的减小而提高,因此惯性碰撞机理对较大粉尘的捕尘作用较大。

2)截留作用

假设不考虑粉尘的质量,当粉尘沿气体流线随着气流直接向雾滴运动时,由于气体流线离雾滴表面的距离在粉尘半径范围以内,则该粉尘与雾滴接触并被捕集。Ranz给出了截留效率计算方法[2,4]:

$$\eta_R = \left(1+\frac{d_p}{d_c}\right)^2 - \frac{d_c}{d_c-d_p} \tag{2.72}$$

由式(2.72)可见,截留效率随粉尘直径 d_p 的增加和雾滴直径 d_c 的减小而增高。对截留捕尘起作用的是粉尘的粒径,而不是粉尘的惯性,且与气流速度无关。

3)布朗扩散

很细小的粉尘,特别是直径小于 $0.1\ \mu m$ 的粉尘,在气流中受到气体分子的撞击后,并不完全地跟随流线,而是在气体中作布朗运动。由于这种不规则的热运动,且紧靠雾滴附近,微细粉尘可能与雾滴相碰撞而被捕集,称为布朗扩散效应。随着粉尘颗粒减小,流速减慢,温度的增加,粉尘的热运动加速,从而与雾滴的碰撞概率也就增加,扩散效应增强。

Crawford 的计算式[2,4]为:

$$\eta_D = 4.18 Re_D^{\frac{1}{6}} Pe^{-\frac{2}{3}} \tag{2.73}$$

式中, $Re_D = \dfrac{v_0 d_c \rho_g}{\mu}$ 为雷诺数; $Pe = \dfrac{v_0 d_c}{D}$,为 Peclet 数,它的倒数是表征扩散沉降的特征数。

4)静电效应

由于外加电场或感应等作用,可能使水雾荷电,或粉尘荷电,或两者荷极性相反的电荷,这些都将增加粉尘与捕尘体碰撞的可能性,这种捕尘机理称为静电效应。粉尘不荷电时,由于水雾带电使粉尘颗粒上产生感应符号相反的镜像电荷,由此在两者之间产生吸引力,捕尘效率[2,4]为:

$$\eta_E = \left[\frac{15\pi}{8} \left(\frac{\varepsilon_p - 1}{\varepsilon_p + 2} \right) \frac{2C d_p^2 Q_w^2}{3\pi \mu d_c v_0 \varepsilon_0} \right]^{0.4} \tag{2.74}$$

若粉尘也荷电,此时在水雾和粉尘之间产生库仑力,如果两者的符号相反则为吸引力,否则为排斥力。为提高捕尘效率,通常都利用两者之间的吸引力。捕尘效率[2,4]为:

$$\eta_E = \frac{4CQq}{3\pi \mu d_p v_0 \varepsilon_0} \tag{2.75}$$

式中, ε_p 为粉尘介电常数,C/(V·m); Q_w 为单位面积水雾粒上的电荷量,C/m²;Q 为水雾粒荷电量,C;q 为粉尘荷电量,C;C 为 Cunningham 修正系数。

捕尘过程不考虑静电效应,主要由惯性碰撞、拦截和布朗扩散三种机制产生,其中只有当粒径小于 0.1 μm 时,布朗扩散才明显起作用。而综掘面产生的粉尘粒径范围为 0.85~84.3 μm,因此雾滴俘获粉尘过程主要通过惯性碰撞和拦截两种方式。Walton 和 Woolcock[167]进行了惯性冲击下的目标雾滴效率实验,进一步得到了雾滴碰撞效率。

$$\eta_t = \left(\frac{\psi_c}{\psi_c + 0.7} \right)^2 \tag{2.76}$$

其中 η_t 为单颗粒雾滴碰撞效率,无量纲, ψ_c 是惯性碰撞参数,无量纲。惯性碰撞参数 ψ_c 被定义[167]为:

$$\psi_c = \frac{\rho_s d_s^2 |\vec{u_i} - \vec{v_i^d}|}{9\mu d_d} \tag{2.77}$$

其中 ρ_s 表示颗粒密度,kg/m³;d_s 表示粉尘直径,m;d_d 表示雾滴直径,m;$\vec{u_i}$ 是瞬时气体速度矢量,m/s;$\vec{v}_i^d$ 是雾滴的速度矢量,m/s;μ 表示空气黏度系数,Pa·s。

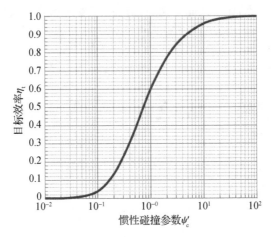

图 2.7 雾滴捕尘效率曲线图

Mohebbi 等人进行了雾滴目标效率更为精确的实验[168]。图 2.7 中表示出了目标效率与惯性碰撞参数(ψ_c')的关系曲线,该关系应用于粉尘颗粒被液滴俘获效率[168]:

$$\eta_t = \left(\frac{\psi_c'}{\psi_c' + 1} \right)^r \tag{2.78}$$

其中

$$r = 0.759\psi_c'^{-0.245} \tag{2.79}$$

$$\psi_c' = \frac{\rho_s d_s^2 |\vec{u}_i - \vec{v}_i^d|}{18\mu d_d} \tag{2.80}$$

该方法假定在同一计算网格中粉尘和液滴才可能发生碰撞。因此雾滴颗粒的目标效率计算方法[169]如下:

$$N_{cap} = \eta_t \frac{\pi}{4} d_{def}^2 |\vec{v}_i^s - \vec{v}_i^d| \frac{N_s N_d}{dV} \tag{2.81}$$

N_{cap} 表示雾滴俘获粉尘的数目,N_s 表示粉尘颗粒群中的颗粒数,N_d 表示雾滴颗粒群中的颗粒数;d_{def} 是由于空气动力引起的变形液滴直径,m;$\vec{v}_i^s$ 是粉尘颗粒的速度矢量,m/s;$\vec{v}_i^d$ 为雾滴的速度矢量,m/s;dV 表示计算单元的体积,m³。根据上式计算得到单雾滴捕集粉尘效率,并得到某时间步长内粉尘群颗粒数的减小量,最后得到网格内的粉尘浓度值。

2.6 本章小结

(1) 针对矿用旋流喷嘴雾化特点,将喷嘴雾化过程划分成了喷嘴内流场、初次雾化阶段和二次雾化阶段分别进行建模,基于 RANS 方法计算喷嘴内流场,引入 LES-VOF 描述初次雾化液核的破碎分解,采用动态 Smagorinsky 方法构筑湍流模型,提出雾滴恒粒径随机生成方法平衡雾场旋流特性,选用 KH-RT 方法计算二次雾化结果,借助 C++语言实现了多尺度联合仿真方法的单向耦合;

(2) 基于 RANS 方法选取了 k-ϵ 模型描述涉及的连续相和离散相湍流特征,提出了离散颗粒的受力模型,针对不同计算量形成了 CFD-DEM 和 CFD-DPM 两种风流-颗粒耦合计算方法;

(3) 围绕高压喷雾捕尘四种机理,提出了以惯性碰撞和拦截作用为核心的综掘面目标雾滴与粉尘颗粒群的碰撞算法,并基于更准确的目标雾滴效率实验,构建了综掘面粉尘-雾滴凝并计算模型。

3 多尺度旋流喷嘴雾化规律分析与结构优化

不同的旋流喷嘴结构将产生不同的雾滴粒径分布、雾化角及有效射程,降尘效率也会有较大差异,为此本章通过旋流喷嘴雾场特性实验,对目前市场上现有的旋流喷嘴进行筛选,得到雾化效果较好的旋流喷嘴(典型旋流喷嘴)。为了研发出适用于综掘工作面外喷雾系统的旋流喷嘴,本书拟基于 LES 和 VOF 的多尺度旋流雾化模型对旋流喷嘴进行模拟分析,明确喷雾压力与雾化效果间的关系,并通过不同喷嘴结构参数的对比分析,得到喷嘴结构参数与雾化效果间的非线性函数关系,结合 BP 神经网络模型,研发出适用于综掘工作面外喷雾系统的新型系列旋流喷嘴,并在第五章对雾化效果较好的典型旋流喷嘴和新型系列旋流喷嘴的降尘效果进行对比分析。

3.1 不同旋流喷嘴雾化效果测定实验

3.1.1 实验平台介绍

雾场特性主要包括雾化角、有效射程、雾滴粒径等,因此本书分别设计了雾滴粒径测定和雾场形态图像采集两类实验,实验结合了山东科技大学和湖南科技大学两个测定实验平台,主要包括以下实验设备:马尔文 Spraytec 粒径分析仪、空压机、变频抽风机、相机、智能电磁流量计、数字式压力表、BPZ75/12 型喷雾增压泵和数据处理系统等,设备布置情况如图 3.1 所示。其中,马尔文 Spraytec 粒径分析仪工作原理是利用激光束穿过喷雾区,通过测量散射光的强度,来计算形成该散射光谱图的雾滴粒度分布,该仪器测量粒度范围为(0.1~2 000 μm),精确度、重复性和重现性均高于 1%,反应速度快,能及时提取雾场粒度的动态变化,实物图如图 3.2 所示。对于雾滴粒径的描述,通常采用平均粒径的方式来表示,其中应用最广泛的为索特尔直径(D_{32})和德布罗克直径(D_{43}),其计算式如式(3.1)所示:

$$D_{32} = \frac{\sum\limits_{i=1}^{I} d_i^3 n_i}{\sum\limits_{i=1}^{I} d_i^2 n_i}, \quad D_{43} = \frac{\sum\limits_{i=1}^{I} d_i^4 n_i}{\sum\limits_{i=1}^{I} d_i^3 n_i}, \quad (3.1)$$

其中 d_i 表示雾滴直径，n 表示该直径雾滴的数量。

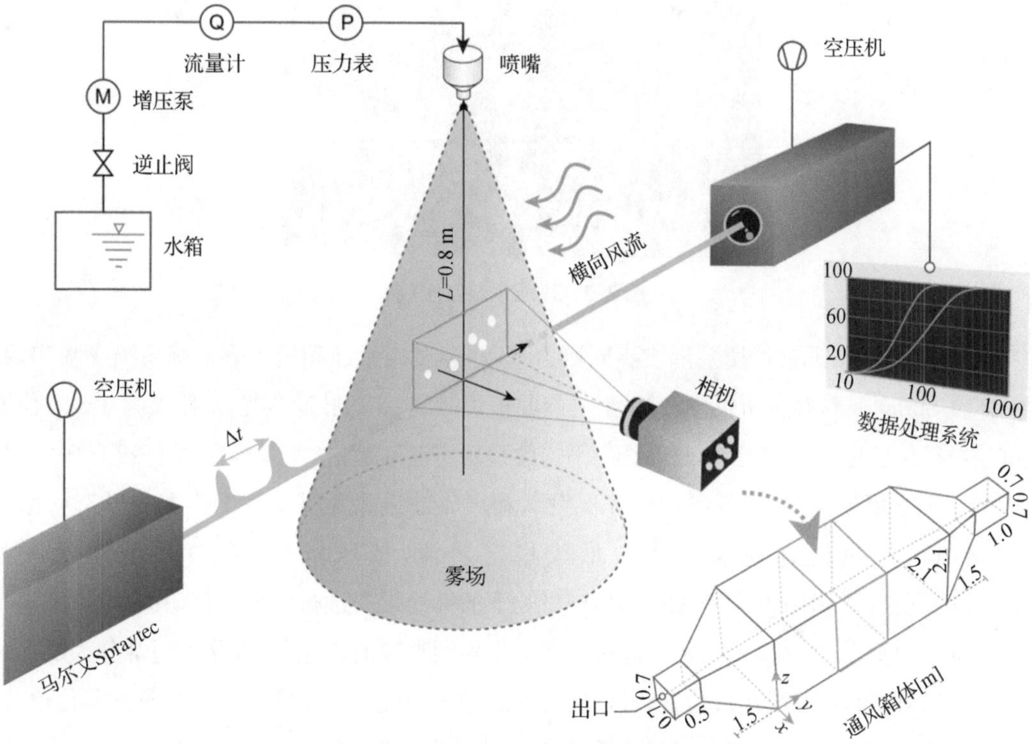

图 3.1 旋流喷嘴雾场特性测定实验布置图

图 3.2 马尔文 Spraytec 粒径分析仪

BPZ75/12 型喷雾增压泵(图 3.3)可将水按照不同压力输送至喷嘴，沿水平方向由喷雾口射出形成喷雾场，稳定压力为 0～6.0 MPa，额定流量 4.5 m³/h，并利用电磁流量计测定喷嘴的耗水量，测量范围为 0～26.5 m³/h，最高可承受压力为10.0 MPa，精度等级为0.5％；DX-801XB00150 型数字式压力表测量范围为 0～16.0 MPa，精度为 0.5 级。

图 3.3　高压水泵及水箱

实验具体过程:通过增压泵形成不同压力水,并经过流量计和压力表最终由喷嘴喷出,利用马尔文 Spraytec 粒径分析仪,通过发射并接收极短时间 Δt 的脉冲激光,对距喷嘴 0.8 m 位置处雾滴粒径信息进行逐帧提取,确保雾滴平均粒径稳定时间超过 30.0 s,在 0.1～2 000 μm 范围内测量无须更换镜头,配备空压机确保发射和接收器镜头无雾滴附着。雾场形态图像采集实验利用抽风机在通风箱体中形成稳定风流,抽风口(Outlet)处平均风速为 −1.2 m/s 左右,利用相机对有无横向风流影响下的雾场形态进行图像采集,其中拍摄方向与风流流动方向垂直,如图 3.1 所示。通过图像采集得到喷嘴的雾化角,雾化角通常分为以下两种:①出口雾化角,在喷嘴出口位置,雾场轮廓切线的夹角即为出口雾化角。②条件雾化角,在离喷嘴出口一定距离处,在雾场轮廓上取中心轴对称的两点,两点与喷嘴出口处的连线夹角即为条件雾化角[4,157],结合现场实际,选择距离喷嘴出口 1.0 m 处获得条件雾化角。

3.1.2　旋流喷嘴类型的优选

旋流喷嘴的类型多种多样,其基本原理是通过旋流室形成具有离心力的液膜,并在空气动力学作用下破碎成粒径较小且浓度均匀的雾场,市场上的旋流喷嘴类型包括 X 型旋流芯喷嘴(A)、蝶型旋流芯喷嘴(B)、圆柱型旋流芯喷嘴(C)、内置螺旋型旋流芯喷嘴(D)、侧向旋流孔喷嘴(E)等,通过调研从多个生产厂家中优选了 5 类旋流喷嘴,并选取了煤矿常用的三种孔径进行对比,如图 3.4 所示。

通过旋流喷嘴雾场特性实验对以上 5 类喷嘴的雾化效果进行测定,结果如表 3.1 所示,通过对比发现不同类型的旋流喷嘴雾化效果差异很大,因此针对综掘面的现场实际需求对 5 类喷嘴进行优选:①综掘面外喷雾一般设置在距迎头 2.0 m 处,相比 B、C 和 E 类喷嘴,A 和 D 类喷嘴的有效射程更适用于综掘面外喷雾;②A 类喷嘴的雾化角相比 D 类喷嘴更大,且通过实验观察发现 A 类喷嘴的雾场均匀性更好。综上,选择 X 型旋流芯喷嘴作为本书的研究对象,其内部结构及基本原理如图 3.5 所示。

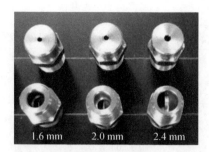

（a）X 型旋流芯喷嘴

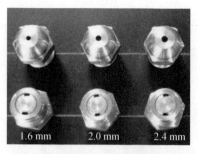

（b）蝶型旋流芯喷嘴

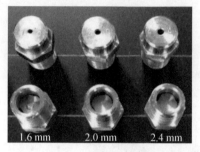

（c）圆柱型旋流芯喷嘴

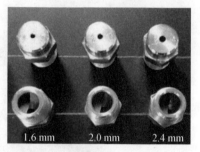

（d）内置螺旋型旋流芯喷嘴

（e）侧向旋流孔喷嘴

图 3.4　五类旋流喷嘴实物图

表 3.1　3.0 MPa 压力下旋流喷嘴雾化效果

编号	喷嘴类型	孔径 d_0/mm	1.0 m 条件雾化角/°	平均粒径 D_{32}/μm	有效射程 R_{eff}/m
A	X 型旋流芯喷嘴	1.6	25	69.4	1.8
		2.0	28	73.4	1.6
		2.4	33	75.7	1.3
B	蝶型旋流芯喷嘴	1.6	43	51.6	0.7
		2.0	47	53.8	1.0
		2.4	49	55.3	1.2
C	圆柱型旋流芯喷嘴	1.6	31	56.9	1.3
		2.0	34	63.9	1.1
		2.4	36	65.9	0.7

编号	喷嘴类型	孔径 d_0/mm	1.0 m 条件雾化角/°	平均粒径 D_{32}/μm	有效射程 R_{eff}/m
D	内置螺旋型旋流芯喷嘴	1.6	22	63.0	1.8
		2.0	23	69.4	1.7
		2.4	25	70.5	1.8
E	侧向旋流孔喷嘴	1.6	30	56.3	0.5
		2.0	33	60.2	0.7
		2.4	35	64.6	0.9

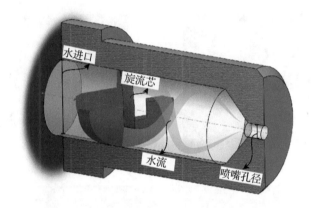

图 3.5　X 型旋流芯喷嘴内部结构与雾化原理

3.1.3　旋流喷嘴结构参数优选

不同的旋流喷嘴结构参数雾化效果差别较大,煤矿常用的喷嘴生产厂家不一,喷嘴结构参数差异也很大,因此本书通过对多个煤矿现场调研,选定综掘面外喷雾应用效果较好且具有代表性的四种典型旋流喷嘴,其中平口喷嘴有 1.5 mm 和 2.0 mm 两种,雾化形式为 X 型旋流芯平口式,分别用 P1.5、P2.0 表示;扩口喷嘴有 1.6 mm 和 2.0 mm 两种,雾化形式为 X 型旋流芯扩口式,分别用 K1.6、K2.0 表示,图 3.6 为两类喷嘴及其结构示意图。

通过旋流喷嘴雾场特性实验获得以上四种喷嘴的条件雾化角、平均粒径和有效射程等基础数据,以作为喷嘴雾化模型中的经验参数,实验结果如表 3.2 所示。分析发现,由于这四种喷嘴的结构并非针对综掘面外喷雾系统设计而成,其中部分压力下有效射程或者雾化角度明显过小,导致雾化效果达不到预期目标,因此针对综掘面现场实际情况对 X 型旋流芯喷嘴的结构参数进行优化十分必要。

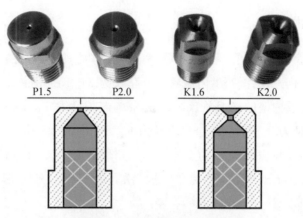

图 3.6 旋流喷嘴结构示意图

表 3.2 四种喷嘴雾化特性实验结果

类型	喷雾压力/ MPa	雾化角/ °	D_{32}/ μm	有效射程/ m	类型	喷雾压力/ MPa	雾化角/ °	D_{32}/ μm	有效射程/ m
P1.5	2.0	33.3	83.32	1.60	K1.6	2.0	47.5	78.83	1.30
	4.0	27.2	72.42	1.90		4.0	39.5	65.22	1.60
	6.0	23.5	62.71	2.60		6.0	35.4	56.46	1.95
	8.0	20.7	48.15	3.45		8.0	33.5	47.33	2.00
P2.0	2.0	30.4	83.04	1.70	K2.0	2.0	41.5	83.49	1.40
	4.0	24.5	74.73	2.25		4.0	27.4	68.63	1.85
	6.0	20.3	58.12	2.90		6.0	24.1	57.91	2.50
	8.0	18.7	49.31	3.50		8.0	22.6	50.02	3.20

3.2 不同喷雾压力下旋流喷嘴雾化规律分析

在自行研发适用于掘进机外喷雾的喷嘴前,应选择一个合理的原型喷嘴为基准,通过表 3.1 可以发现,在 X 型旋流芯喷嘴中,当孔径为 1.6 mm 时平均粒径 D_{32} 最小,有效射程 R_{eff} 最大,雾化效果较好且结构较为简单,且小孔径喷嘴耗水量较小,适合作为原型喷嘴进行优化。在进行参数优化前,首先对不同喷雾压力下 X 型旋流芯喷嘴的雾化规律进行分析,充分掌握不同喷雾压力下旋流喷嘴雾滴浓度、速度、粒度等径向及沿程分布规律,得到喷雾压力与雾化角、平均粒径和有效射程的关系,为喷雾降尘方案的设计及新型旋流喷嘴的研发提供理论基础。

3.2.1　喷嘴几何模型

针对 X 型旋流芯 1.6 mm 孔径的原型喷嘴进行喷雾仿真分析,将旋流压力喷嘴雾化过程分为三部分进行几何建模:①喷嘴内流场部分总长为 24.2 mm,主要由三节圆柱形流道、两个过渡段和紧贴喷嘴内壁的 X 型旋流芯组成,旋流芯长度约 5.7 mm,旋芯角 α 为 34°,旋流室流通面积比 SCR 为 0.106,喷嘴进口直径为 6.7 mm,旋流室孔径 D_s 为 5.0 mm,旋流室长度 L_s 为 13.2 mm,喷嘴孔径 d_0 为 1.6 mm,出口段长度 L_e 为 2.0 mm;②初次雾化计算域为圆台形,L_{2nd} 为 12.0 mm,其扩展角为 30°;③二次雾化计算域为圆柱形,L_{3rd} 为 2 988.0 mm,具体尺寸如图 3.7 所示。

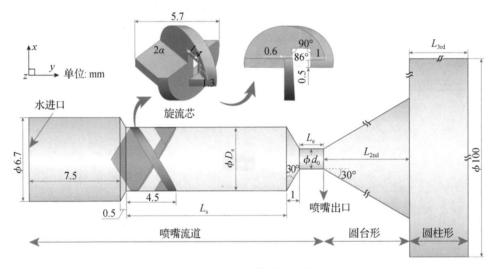

图 3.7　几何模型示意图

3.2.2　网格独立性验证

根据湍流特性和液滴尺寸确定网格分辨率,并确定网格数量与计算结果的无关性。喷嘴内流场采用适用于复杂几何体的四面体网格,并对 X 型旋流芯和喷嘴出口附近进行局部网格加密,选取喷嘴出口位置的水流速度进行网格无关性验证,结果如图 3.8(a)所示;初次雾化阶段选择网格质量好、数量少的六面体网格,LES 模型虽然包含了一个更简单的亚格子尺度黏度代数模型,但需要在非常精细的网格上得到瞬态解。因此引入自适应网格细化(Adaptive Mesh Refinement,AMR)方法,以充分捕捉气-液界面的运动,控制其水相体积分数大于 $1.0×10^{-3}$ 时,最大网格尺寸不超过 $1.0×10^{-14}$,每 5 个时间步长检测网格自适应性;二次雾化阶段雾滴颗粒多,计算量较大,采用质量较好、计算速度较快的六面体网格进行划分,二次雾化阶段中雾滴粒径是主要指标,因此对比雾滴粒径分布曲线进行网格独立性验证,见图 3.8(b)。结果发现相比"中等"网格,"较密"网格速度值和粒径分布接近"密"网格,由此可知,两种"较密"网格已经达到了网格独立性要求,网格结构如图 3.9 所示。

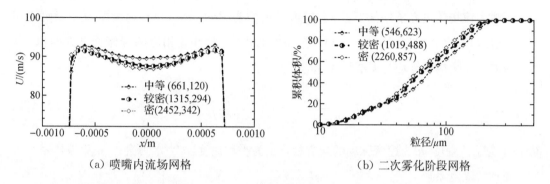

（a）喷嘴内流场网格　　　　　　　　　（b）二次雾化阶段网格

图 3.8　网格独立性验证

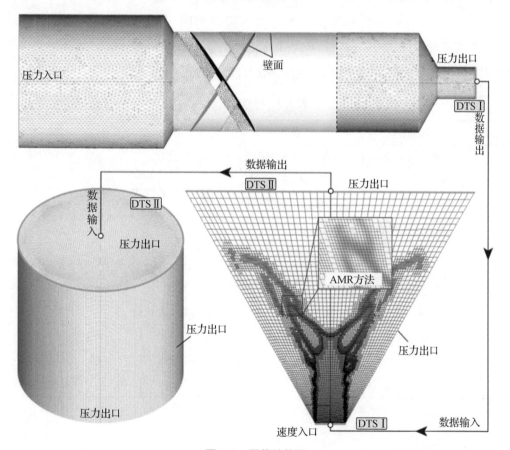

图 3.9　网格结构图

3.2.3 边界条件

喷嘴内流场的边界条件如下:进水口边界类型为 Pressure-Inlet,速度垂直于喷嘴进口面,喷嘴出口边界类型为 Pressure-Outlet,并根据式(3.2)计算相应的湍流强度经验值。X型旋流芯及喷嘴内壁等均为无滑移 Wall 边界类型。

$$I = \frac{u'}{u_{avg}} = 0.16 \times \left(\frac{u_{avg} d \rho_1}{\eta} \right)^{-\frac{1}{8}} \tag{3.2}$$

其中,I 为湍流强度,u' 为速度脉动的均方根,u_{avg} 为平均速度,d 为水力直径,ρ_1 为液体密度,η 为介质动力黏度系数。

初次雾化阶段的边界条件如下:进口面边界类型为 Velocity-Inlet,并添加 User-defined function(UDF)以确保速度和湍流强度与喷嘴出口相同,其他面边界类型为 Pressure-Outlet;二次雾化阶段的边界条件如下:所有面边界类型均为 Pressure-Outlet,雾滴颗粒由控制面 II 射出,其初始雾滴属性由控制面 II(初次雾化阶段)上的液膜特征信息确定。(表 3.3)

表 3.3　模拟参数表

类型	名称	数值	类型	数值
I	Pressure-Inlet	1.0～6.0 MPa	时间步长	1×10^{-7} s
	Wall	No Slip Standard Wall Function	步内最大迭代数	20
II	水表面张力系数	0.071 N/m	时间步长	5×10^{-9} s
	Level Set	ON	步内最大迭代数	20
III	Parcel Stochastic Tracking	Discrete Random Walk	时间步长	1×10^{-3} s
	Time Scale Constant	0.15	步内最大迭代数	20
II, III	空气密度	1.152 kg/m³	水密度	994.9 kg/m³
	空气黏度	1.88×10^{-5} kg/(m·s)	水黏度	7.6×10^{-4} kg/(m·s)
	空气温度	306.75 K	水温度	305.25 K

＊ I 表示喷嘴内流场,II 表示初次雾化阶段,III 表示二次雾化阶段。

3.2.4 模型验证

1) 雾滴粒径

考虑到实验平台中喷雾增压泵的稳定压力为 0～6.0 MPa,超过 6.0 MPa 后喷雾压力脉冲较大,不利于对旋流喷嘴雾化规律的研究,因此仅取喷雾压力范围为 1.0～6.0 MPa 雾场数据用作实验验证和分析,喷嘴在六种喷雾压力下的雾滴粒径分布如图 3.10 所示,D_{43} 的测定范围为 86.35～187.6 μm,D_{32} 测定范围为 51.04～98.12 μm。

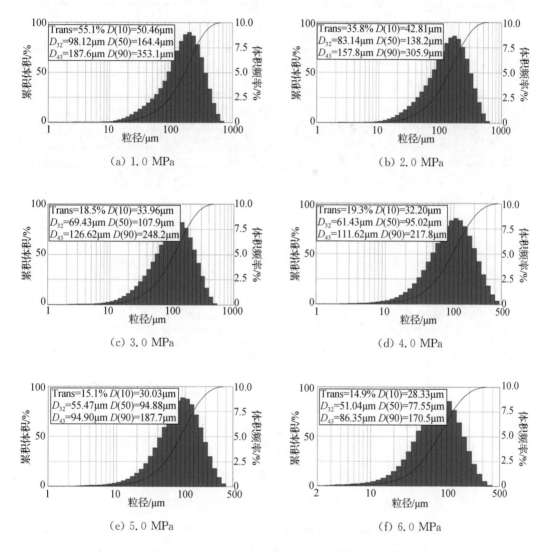

(a) 1.0 MPa　　　　　　　　　　　　(b) 2.0 MPa

(c) 3.0 MPa　　　　　　　　　　　　(d) 4.0 MPa

(e) 5.0 MPa　　　　　　　　　　　　(f) 6.0 MPa

图 3.10　1.6 mm 孔径 SXS 喷嘴雾滴粒径分布图

通过模拟得到雾滴粒径分布结果如图 3.11 所示。分析发现不同喷雾压力条件下,模拟与实验结果的雾滴粒径累积体积曲线变化趋势相近,仅存在以下差异:①1.0 MPa 时模拟结果中雾滴粒径 90～130 μm 范围的雾滴体积增加速率相比实验偏大;②喷雾压力为 1.0～3.0 MPa 时,模拟结果中 10～40 μm 雾滴数量相比实验偏少;③6.0 MPa 时雾滴粒径相比实验整体偏小。

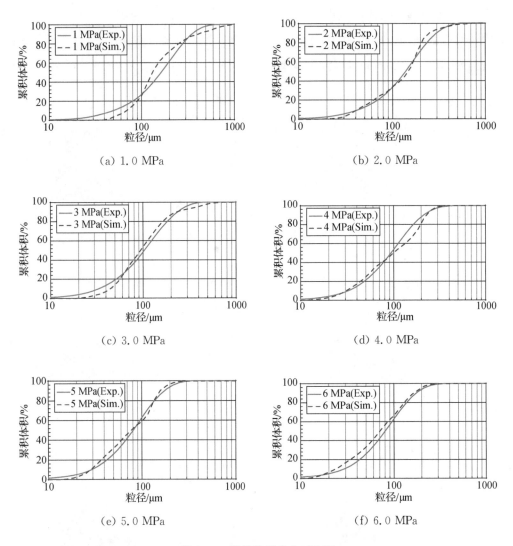

图 3.11　雾滴粒径分布对比图

考虑到喷雾雾化过程的复杂性,往往难以求解到一致性较好的雾滴粒径分布,通常以平均粒径作为验证指标,模拟结果与实验结果对比如图 3.12 所示,随着喷雾压力的增加,模拟结果与实验结果的 D_{32} 与 D_{43} 值均逐渐减小,变化趋势基本一致。与实验结果相比,D_{32} 相对误差为 $1.8\%\sim21.4\%$,D_{43} 相对误差为 $1.0\%\sim11.6\%$,其中 1.0 MPa 所得的 D_{32} 和 D_{43} 相对误差较大,推断原因为模拟结果中 $10\sim40~\mu m$ 雾滴数量较少导致。为了优化喷嘴参数,统一采用模拟结果进行分析,通过非线性曲线拟合得到模拟 D_{32} 值和喷雾压力 P 的函数关系:$D_{32}=143.7-27.61P+2.018P^2$,拟合方差为 0.996 2。

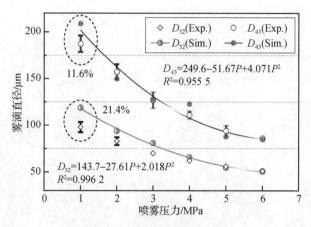

图 3.12　雾滴平均粒径对比图

2）雾场形态

由于旋流压力喷嘴形成的雾场中心是负压,雾场内外压差导致雾场逐渐收缩,随着喷射距离的增加,雾化角不断缩小,为此本书选择对比 1.0 m 处条件雾化角进行验证,实验雾化角 θ_e 和模拟结果对比见图 3.13,图中颗粒大小表示雾滴相对大小。

分析发现随着喷雾压力的增加,雾化角逐渐减小,雾场收缩现象逐渐显著,模拟结果与实验结果基本相符;由于喷嘴附近雾滴粒径较大,距喷嘴 0.2 m 范围内的雾场受雾滴惯性影响较大,内外压差挤压作用不明显,随着喷射距离的增加,内外压差挤压作用逐渐增强,收缩现象也逐渐明显,与实验结果基本相符。实验雾化角和模拟雾化角 θ_s 对比如图 3.14 所示,随着喷雾压力的增加,实验和模拟结果均逐渐减小,但模拟结果整体偏小,相对误差为 4.54%~10.53%,通过非线性曲线拟合得到模拟雾化角 θ_s 和喷雾压力 P 的函数关系:$\theta_s = 39.4 - 5.72P + 0.39P^2$,拟合方差为 0.993 4。

3）雾场抗横向风流能力

煤矿工作面中常伴有强风流,以保证作业人员呼吸质量和生产安全,强风流会严重影响雾场形态,大大减弱降尘效果。抗强风流能力由雾滴粒径、雾滴速度和雾滴浓度分布等因素共同决定,因此通过抗横向风流能力进行模型验证十分必要,结果如图 3.15 所示。

分析发现实验与模拟结果中均出现了显著偏离雾场圆锥体的初始点(Area Ⅰ),且出现位置相近;随着喷射距离的增加,在空气阻力作用下雾滴动能逐渐减小,在横向风流曳力作用下雾滴横向偏移逐渐增加(Area Ⅱ),雾场覆盖范围逐渐减小,利用 1.0 m 处雾场浓度来判别雾场的横向偏移程度,得出模拟与实验雾场横向偏移值相对误差约为 11.54%~18.18%,考虑到喷雾雾化过程的复杂性,可由此认为该多尺度仿真模型是较为准确的。

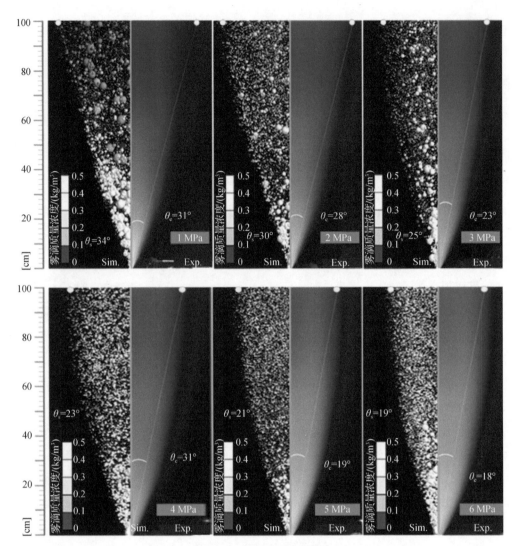

图 3.13 雾场形态对比图

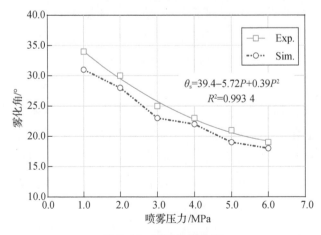

图 3.14 雾化角对比图

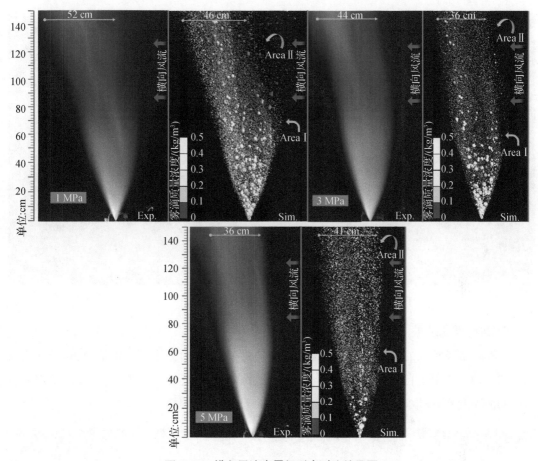

图 3.15　横向风流中雾场形态对比结果图

3.2.5　模拟结果分析

1) 喷嘴内流场结果

煤矿作业区配备有规格不同的喷雾增压设备,在安全规程内通常选取较高的喷雾压力,以达到更好的降尘效果[2,170-171],为此本书选取较高的喷雾压力(6.0 MPa)进行分析,提取自喷嘴入口的水流线,并截取喷嘴内部流道速度分布,以分析 X 型旋流芯喷嘴作用原理,结果如图 3.16 所示。

分析发现水流线经过旋流芯后具有了旋流特性,旋流芯上游(截面 1)水速逐渐出现差异性分布,速度值波动约为 27.2%;经过旋流芯作用后,旋流芯下游(截面 2)水速差异性显著增加,呈中心高、外围低的分布特点,速度值波动升至 96.4%;经过渐缩段后,喷嘴出口面(截面 3)水速差异性显著减小,速度值波动降至 4.5%,喷嘴出口面中心速度略低于外围,经喷嘴发射出的水速较为均匀,且具有旋流特性。

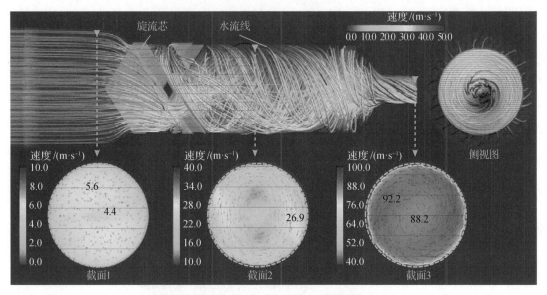

图 3.16 喷嘴内流场结果(6.0 MPa)

2）初次雾化结果

当具有旋流特性的水柱从喷嘴高速射入空气时,在离心力作用下产生切应力,并在空气动力的扰动下克服了自身的表面张力,逐渐形成小的液团、液膜和液滴,为了分析不同喷射时间的液膜变化,提取不同时刻水分数为 0.01 的等值面,如图 3.17 所示。

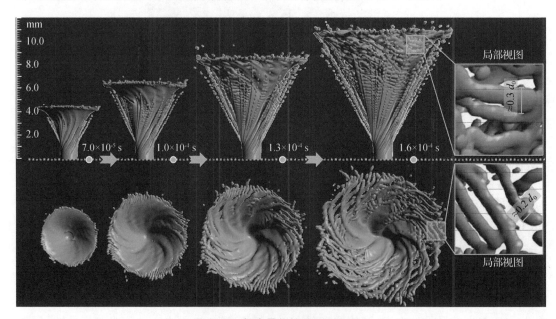

图 3.17 初次雾化结果(6.0 MPa)

在喷射时间为 7.0×10^{-5} s 时,由于湍流脉动及扰动波未充分发展,液柱中心存在着未破碎的液核;随着时间推移,水柱中心内凹,逐渐往外围舒展,在渗入空气的扰动下,外围液核拉伸撕裂出液膜,甚至小液滴,出现了液核-液膜-液滴并存的结构;在 1.6×10^{-4} s 时,在扰动波、表面张力及空气与射流表面的摩擦力共同作用下,液柱充分分裂成以液膜为主的结构,液膜的厚度在 $0.3d_0$ 左右。

3)二次雾化结果

受空气动力学作用,大雾滴破碎成更小雾滴,其间伴随颗粒间的碰撞聚合,图 3.18 是喷雾压力为 6.0 MPa 时不同喷射时刻雾滴颗粒分布形态。由图 3.18 可知,喷嘴出口处的高速雾滴导致雾场外围气压较低,周围空气涌入喷嘴出口附近;雾场前端锋面雾滴与空气速度差较大,空气阻力作用明显,在空气阻力作用下前端锋面雾滴轴向速度骤减,径向速度增加,雾滴大量积聚并形成"蘑菇头"形态;随着时间推移,受内外压差作用雾场前端逐渐收缩趋近于圆柱体形态,这与图 3.13 实验结果所测雾场形态相近。

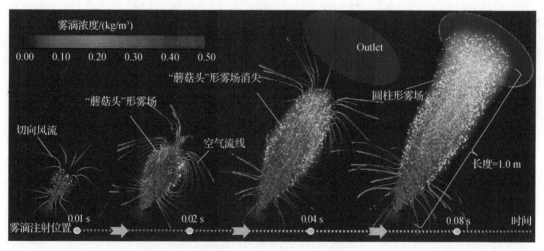

图 3.18 不同喷射时间雾滴颗粒分布形态(6.0 MPa)

3.2.6 雾场特性分析

由公式(2.21)~(2.23)分析发现,除了空气、粉尘和雾滴的物理特性外,影响雾滴捕获粉尘效率的因素主要为雾滴速度 v_t^d、雾滴浓度 N_s 和雾滴粒径 d_d,三者与降尘效率成正相关关系,为此本书将分析旋流压力喷嘴雾场速度、浓度和粒度分布特性,为煤矿喷雾降尘方案的设计提供理论指导。

1)雾场速度分布

分别提取 $x=0.0$ m 时 $y=1.0$ m(L_1)和 $y=2.0$ m(L_2)的速度值,如图 3.19 所示,分析

发现不同喷雾压力条件下,雾场中心轴附近速度最高,由中心轴向外围速度逐渐降低,且随着喷雾压力的增加,雾场中心速度峰值也逐渐增加;径向速度在 z 方向上的分布服从高斯函数:$U_z = \text{Amplitude} \times \mathrm{e}^{(-0.5 \times ((z-\text{Mean})/\text{SD})^2)}$,拟合方差大于 0.981 1。此外,随着喷射距离的增加,雾场覆盖范围随之增加,动能逐渐消耗,Amplitude 值减小,SD 值增加。

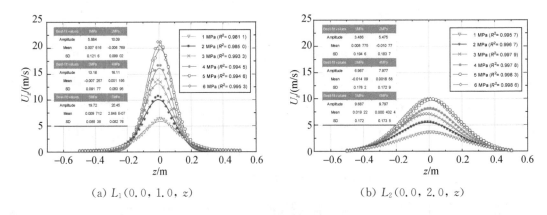

图 3.19　径向速度分布图

在雾滴喷射过程中主要的阻力是曳力,通过公式(2.67)和(2.43)推得公式(3.3),分析发现雾滴阻力与雾滴粒径的幂次方成反比,在拉格朗日运动中小雾滴具有较大的减速率,结合图 3.20 雾场中轴线雾滴速度 U_y 分布结果,可得出喷雾压力越大,雾滴平均粒径越小,喷射过程中轴向速度 U_y 减速率越大;通过非线性回归方法得到雾滴轴向速度 U_y 与喷射距离 SL 的拟合函数:$U_y = Y_0 + (\text{Plateau} + Y_0) \times (1 - \mathrm{e}^{(-K \times SL)})$,拟合方差大于 0.988 1。此外同一喷雾压力下,随着喷射距离的增加,速度减速率逐渐减小,雾滴速度也趋于稳定。

$$
\begin{cases}
\vec{du}_\mathrm{p}/dt \propto d^{-2}, & Re < 0.1 \\
\vec{du}_\mathrm{p}/dt \propto d^{-4/3}, & 0.1 \leqslant Re \leqslant 1\,000 \\
\vec{du}_\mathrm{p}/dt \propto d^{-1}, & Re > 1\,000
\end{cases}
\tag{3.3}
$$

2)雾场浓度分布

提取雾场中心截面雾滴浓度分布结果,如图 3.21 所示,分析发现因旋流特性导致雾场中心区域雾滴浓度较低,但随着喷射距离的增加,在雾场内外压差的作用下雾场中心区域雾滴浓度逐渐增加,雾场趋向均匀;随着喷雾压力的增加,雾滴速度随之增加,受空气扰动也较大,雾滴破碎效率增高,因此 6.0 MPa 时大颗粒雾滴极少,粒径低于 800 μm,见图 3.21(a)和图 3.21(b)。

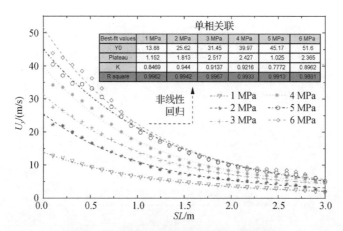

图 3.20 雾场中轴线雾滴速度拟合结果

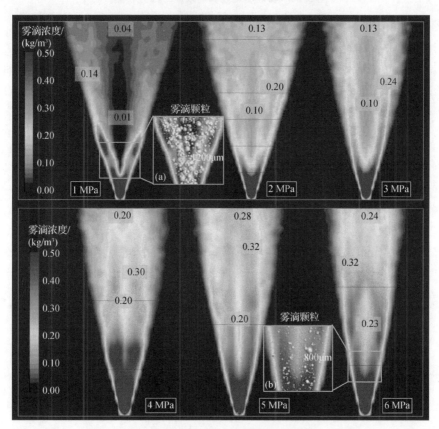

图 3.21 雾场中心截面雾滴浓度

通过提取雾场中轴线雾滴浓度沿程分布结果,如图 3.22 所示,发现当喷射距离超过 0.3~0.85 m 范围时,雾场中心区域在内外压差作用下雾滴浓度开始增加,随后趋于均匀;随着雾场覆盖范围的扩大,雾滴浓度呈缓慢减小趋势;当喷雾压力增加至 4.0 MPa,喷射长度超过 2.0 m 后,喷雾压力的增加对雾场浓度影响很小。

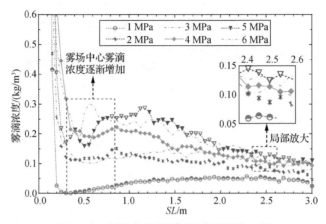

图 3.22　雾场中轴线雾滴浓度沿程分布图

3) 雾场粒度分布

分别提取 $x=0.0$ m 时 $y=1.0$ m(L_1)和 $y=2.0$ m(L_2)的平均粒径值,图 3.23 所示,分析发现不同喷雾压力条件下雾场平均粒径在径向方向上呈对称分布,距雾场中心轴越近,雾滴速度越高,雾化效果越好,D_{32} 和 D_{43} 的径向分布呈现由中心轴向外围先增后减的趋势;随着喷雾压力的增加,D_{32} 和 D_{43} 径向分布差异性减小,当喷雾压力超过 5.0 MPa 时,沿径向方向粒径大小比较均匀;随着喷射距离的增加,D_{32} 和 D_{43} 的径向分布趋向均匀。

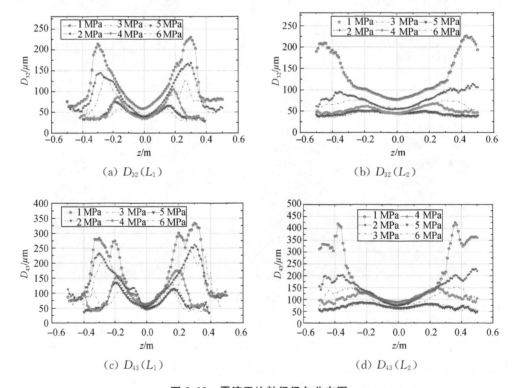

图 3.23　雾滴平均粒径径向分布图

　　雾滴粒径主要受空气扰动破碎和雾滴间碰撞聚合的影响,根据雾场平均粒径沿程分布结果图 3.24,可将旋流压力喷嘴雾场大致分为三个阶段:①喷射距离在 0～0.25 m 范围内,空气扰动雾滴破碎效率占主导,雾滴平均粒径随着喷射距离增加而减小;②喷射距离在 0.25～1.0 m 范围内,雾滴间碰撞聚合效率占主导,雾滴平均粒径随着喷射距离增加而增加;③喷射距离超过 1.0 m 后,雾场中雾滴平均粒径受空气扰动破碎、雾滴间碰撞聚合作用相对平衡,雾滴平均粒径变化不大。

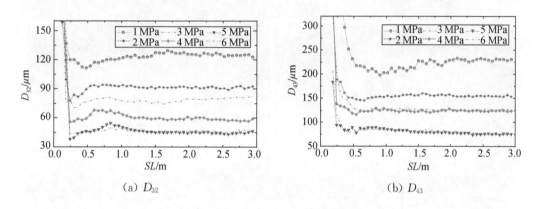

图 3.24　雾滴平均粒径沿程分布结果

4) 雾场有效射程

　　在喷雾降尘过程中,有效射程通常指在重力影响下雾滴动能无显著下降的扩散距离,它在喷雾方案设计中是重要的参数。沿 z 轴负方向布设重力,得到有效射程结果图 3.25。

　　分析发现随着喷雾压力的增加,雾滴平均动能增加,雾滴颗粒粒径减小,在垂直方向上受重力影响降低,有效射程 R_{eff} 增大,当喷雾压力超过 4.0 MPa 时,3.0 m 范围内雾场受重力影响并不显著。由图 3.25(a)可知,在雾场外围下边缘区域,由于较强的扰动气流,雾滴粒径偏小,但在重力作用下,在雾场外围上边缘区域因大颗粒具有较大的惯性,雾滴粒径偏大,如图 3.25(b)所示;雾场中心区域雾滴粒径相对偏小,见图 3.25(c);但随着喷雾压力的增加,雾场外围和中心区域雾滴浓度差异不大,雾滴颗粒较为均匀,如图 3.25(d)和图 3.25(e)所示。图 3.26 为有效射程实验和模拟对比图,通过非线性曲线拟合得到模拟有效射程 R_{eff} 和喷雾压力 P 的函数关系:$R_{eff}=1.218+0.1P+0.047P^2$,拟合方差为 0.996 6。

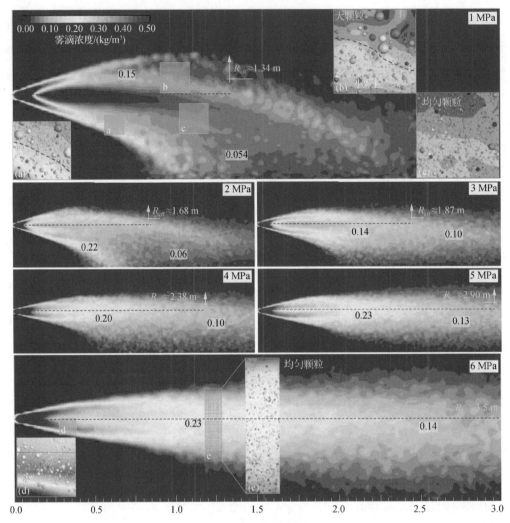

图 3.25　有效射程结果

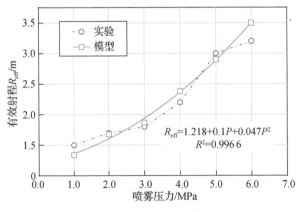

图 3.26　有效射程实验和模拟对比图

3.3 旋流喷嘴结构对雾化效果的影响规律

3.3.1 旋流喷嘴关键性结构

旋流喷嘴的结构参数决定了雾滴的速度、湍流强度及压力分布等,对雾化结果起决定性作用,因此本书将研究喷嘴结构与雾化效果的关联作用,为综掘面降尘喷嘴的优化提供理论支撑。选定的内置 X 型旋流芯喷嘴(原型喷嘴)是在直射式喷嘴结构基础上增设旋流芯,而影响雾化效果的结构因素较多,如旋流室孔径 D_s、旋流室长度 L_s、旋流室流通面积比 SCR、旋芯角 α、渐缩角 β、收缩段类型及长度 L_g、出口段长度 L_e、喷嘴孔径 d_0、喷嘴扩口类型及角度 θ 等,其中喷嘴扩口类型又可分为矩形切角、梯形切角、光滑曲线切角等,见图 3.27。但对于 X 型旋流芯喷嘴而言,直接影响其旋流特性的参数主要有旋流室孔径 D_s、旋流室长度 L_s、旋流室流通面积比 SCR、旋芯角 α,考虑到绝大多数综掘工作面开采深度大于 300.0 m,静压供水基本高于 3.0 MPa,因此本书在 3.0 MPa 喷雾压力条件下,对以上四个关键性参数进行仿真分析,形成 20 种不同的喷嘴结构设计方案,如表 3.4 所示,以期得到结构参数与旋流雾化效果间的关联关系。

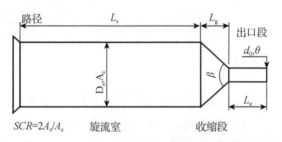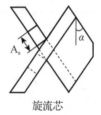

图 3.27　旋流喷嘴参数示意图

表 3.4　20 种喷嘴结构设计方案

结构参数	方案编号	旋流室孔径(D_s)/mm	旋流室长度(L_s)/mm	旋流室流通面积比(SCR)	旋芯角(α)/°
旋流室孔径	C1	4.0	13.2	0.106	34
	C2	5.0	13.2	0.106	34
	C3	6.0	13.2	0.106	34
	C4	7.0	13.2	0.106	34
	C5	8.0	13.2	0.106	34

结构参数	方案编号	旋流室孔径 (D_s)/mm	旋流室长度 (L_s)/mm	旋流室流通面积比 (SCR)	旋芯角 (α)/°
旋流室长度	C6	5.0	7.0	0.106	34
	C7	5.0	10.0	0.106	34
	C8	5.0	13.2	0.106	34
	C9	5.0	16.0	0.106	34
	C10	5.0	19.0	0.106	34
旋流室流通面积比	C11	5.0	13.2	0.056	34
	C12	5.0	13.2	0.080	34
	C13	5.0	13.2	0.106	34
	C14	5.0	13.2	0.136	34
	C15	5.0	13.2	0.170	34
旋芯角	C16	5.0	13.2	0.106	30
	C17	5.0	13.2	0.106	34
	C18	5.0	13.2	0.106	40
	C19	5.0	13.2	0.106	45
	C20	5.0	13.2	0.106	50

3.3.2 喷嘴内流场旋流程度分析

在很多工程实际中,需要掌握流体的旋流强度及沿程衰减规律,但采用何种参数来表征旋流强度是早期研究的难点之一,不少早期研究者曾采用旋流装置的几何参数,如旋流片的 H/D 或进口导叶片的安装角等来表示旋流强度,这明显不利于不同设计方案之间的对比,随后人们提出了无量纲角动量通量参数,也即旋流数 Ω,它是用来表示漩涡流动中旋转强度的一个无量纲参数,具有确定的物理意义。其定义主要有两种,目前被广为采用的旋流数计算公式是 Chigier 与 Beér 定义的[172-174]:

$$S_n = \frac{2G_\theta}{G_x} \cdot D \qquad\qquad (3.4)$$

式中,S_n 为旋流数,G_θ 是切向动量的轴向通量,G_x 是轴向动量,D 参考截通直径。

从式(3.4)可以看出,旋流数实际上为流体切向力的轴向动量矩与流体轴向力动量矩之比。其比值的大小表征了流场中切向流动的作用,从而判断流体旋转强度大小。以径向旋流管路出口的一个截面为对象进行分析,见图3.28。

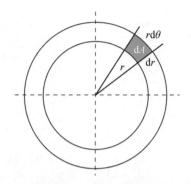

图 3.28 管路参考截面

流体的切向力作用在轴向的动量矩为[172-174]：

$$dG_\theta = d(\dot{m}U_\theta r) = d(\rho U_x A U_\theta r) = \rho U_x U_\theta r\, dA \tag{3.5}$$

式中，U_x 为轴向速度，U_θ 为切向速度。

根据动量方程可得，作用在流体的轴向力

$$\begin{aligned} dF &= d(\Delta mv) + d(\Delta pA) \\ &= d(\rho U_x A U_x) + d(\Delta pA) = (\rho U_x^2 + \Delta p)\, dA \end{aligned} \tag{3.6}$$

根据图 3.28 几何关系，得到式 $dA = r\,d\theta\,dr$，代入式（3.5）、式（3.6）积分得到

$$G_\theta = 2\pi \int_0^{\frac{D}{2}} \rho U_x U_\theta r^2\, dr \tag{3.7}$$

$$G_x = 2\pi \int_0^{\frac{D}{2}} \rho U_x^2 r\, dr + 2\pi \int_0^{\frac{D}{2}} p r\, dr \tag{3.8}$$

从推导过程可以看出，旋流数实际上为流体切向力的轴向动量矩与流体轴向力动量矩之比。其比值的大小表征了流场中切向流动的作用，从而判断流体的旋转强度大小。从沿程某一截面的速度分布来计算旋流数时，静压项可以忽略不计。

由图 3.29 可知，不同结构参数对 Ω 值的影响规律为：

① 受到收缩段的影响，不同旋流室孔径参数沿程 Ω 的变化均呈现为先减、后增趋势，对出口面的 Ω 值进行曲线拟合发现，Ω 值随旋流室孔径的增加而减小，服从二次函数关系：$\Omega = 1.38 - 0.3D_s + 0.02D_s^2$，拟合方差为 0.985 8；

② 由于旋流室长度参数变化较大，不同旋流室长度沿程 Ω 的变化趋势并不一致，对出口面的 Ω 值进行曲线拟合发现，Ω 值随旋流室长度的增加而增加，且服从三次函数关系：$\Omega = 1.5 + 0.5L_s + 0.047L_s^2 + 0.001\,4L_s^3$，拟合方差为 0.981 5；

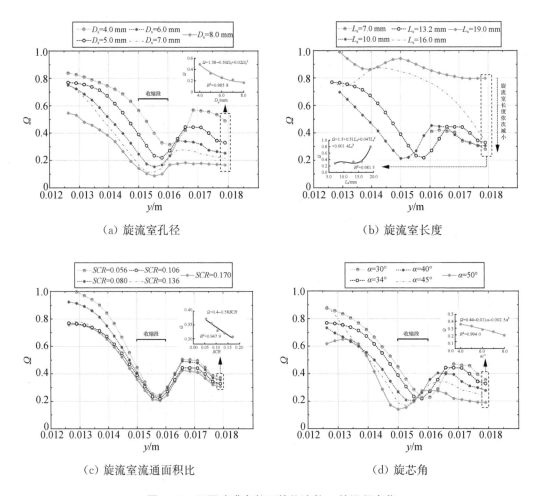

（a）旋流室孔径　　　　　　　　　　（b）旋流室长度

（c）旋流室流通面积比　　　　　　　（d）旋芯角

图 3.29　不同喷嘴参数下的旋流数 Ω 的沿程变化

③在收缩段的影响下,不同旋流室流通面积比沿程 Ω 的变化均呈现为先减、后增、再减趋势,对出口面的 Ω 值进行曲线拟合发现,Ω 值随旋流室流通面积比的增加而减小,且服从一次函数关系:$\Omega=0.4-0.58SCR$,拟合方差为 0.947 9;

④受到收缩段的影响,不同旋芯角参数沿程 Ω 的变化基本呈现为先减、后增、再减趋势,对出口面的 Ω 值进行曲线拟合发现,Ω 值随旋芯角的增加而减小,且服从二次函数关系:$\Omega=0.44-0.011\alpha-0.002\,5\alpha^2$,拟合方差为 0.994。

3.3.3　喷嘴雾场特性分析

1）雾化角对比分析

水流离开喷嘴发生雾化后,受内外压差作用导致雾场沿程发生收缩。相比出口雾化角,条件雾化角更能反映喷雾场对粉尘的覆盖范围,不同结构参数下的条件雾化角如图 3.30～

图 3.33 所示,由于雾场基本呈圆周对称形态,图中仅显示了雾场的左边部分。图 3.34 为不同喷嘴参数雾化角的拟合结果。

①结合不同旋流室孔径雾化角对比图可知,旋流室孔径对喷嘴旋流程度影响显著,随着旋流室孔径的增加,喷嘴出口旋流数逐渐减小,雾化角也逐渐减小,通过非线性曲线拟合得到函数关系:$\theta_s = 52.14 - 7.39D_s + 0.357D_s^2$,拟合方差为 0.986 8。

图 3.30 不同旋流室孔径雾化角对比

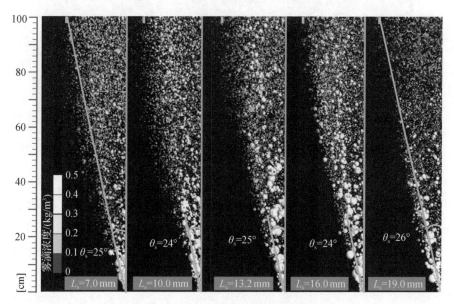

图 3.31 不同旋流室长度雾化角对比

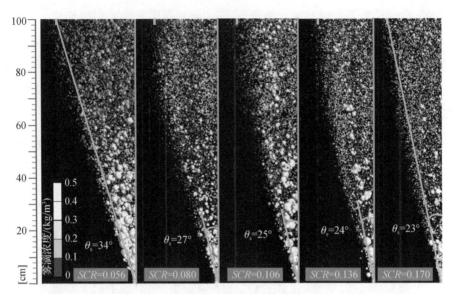

图 3.32　不同旋流室流通面积比雾化角对比

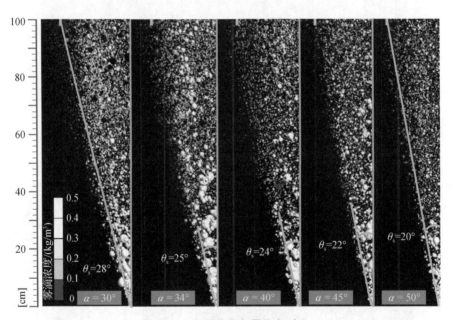

图 3.33　不同旋芯角雾化角对比

②不同旋流室长度沿程 Ω 的变化趋势差别很大,结合不同旋流室长度雾化角对比图可推断出旋流室长度对雾化角并无显著影响,通过非线性曲线拟合得到函数关系:$\theta_s = 28.73 - 0.759L_s + 0.032L_s^2$,拟合方差为 0.551,说明在其他喷嘴参数固定的情况下,不同旋流室长度对应的雾化角接近一个常数。

③结合不同旋流室流通面积比雾化角对比图可知,旋流室流通面积比对喷嘴旋流程度

影响显著,随着旋流室流通面积比的增加,喷嘴出口旋流数逐渐减小,雾化角也逐渐减小,通过非线性曲线拟合得到函数关系:$\theta_s = 104.91e^{(-40.86SCR)} + 23.29$,拟合方差为0.994 3。

④结合不同旋芯角雾化角对比图可知,旋芯角对喷嘴旋流程度影响显著,随着旋芯角的增加,喷嘴出口旋流数逐渐减小,雾化角也逐渐减小,通过非线性曲线拟合得到函数关系:$\theta_s = 42.92 - 0.599\alpha + 0.002\ 9\alpha^2$,拟合方差为0.966 1。

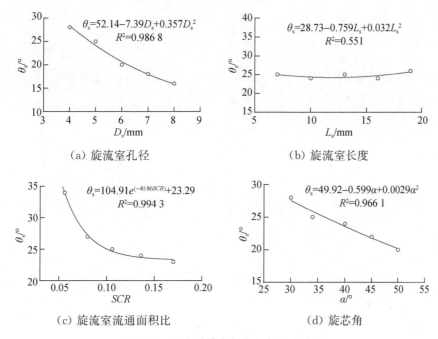

(a) 旋流室孔径　　　　　　　　(b) 旋流室长度

(c) 旋流室流通面积比　　　　　　(d) 旋芯角

图3.34　不同喷嘴参数雾化角拟合结果

2) 雾场平均粒径对比分析

在雾滴群中不同粒径范围内雾滴所占的比例称为雾滴粒径分布,为了对比分析不同喷雾参数下雾场的平均粒径,本书统一选用D_{32}作为雾场粒径分布评价指标,结果如图3.35所示。

①不同旋流室孔径时平均粒径沿程变化趋势相近,均呈现先大幅度降低、后波动式增加、再逐步稳定的趋势。提取$SL = 0.8$ m时平均粒径大小,分析发现,随着旋流室孔径的增加,平均粒径呈逐渐减小趋势,并经过曲线拟合得到函数关系:$D_{32} = 63.77 + 8.386D_s - 1.073D_s^2$,拟合方差为0.953 3。

②不同旋流室长度时平均粒径沿程变化趋势相近,均呈现先大幅度降低、后波动式增加、再逐步稳定的趋势。提取$SL = 0.8$ m时平均粒径大小,分析发现,随着旋流室长度的增加,平均粒径呈先减小后增加的趋势,并经过曲线拟合得到函数关系:$D_{32} = 114.2 - 4.53L_s + 0.152L_s^2$,拟合方差为0.898 3。

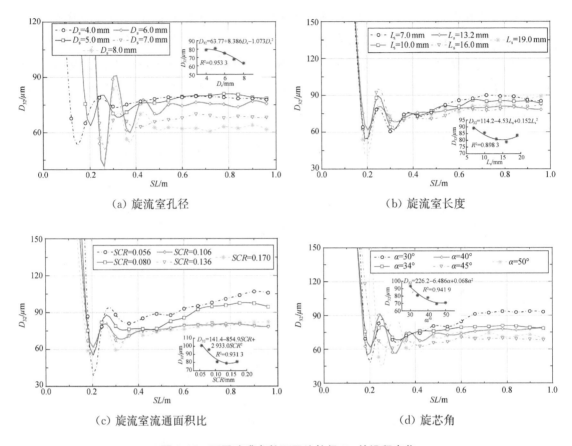

（a）旋流室孔径　　　　　　　　　　　（b）旋流室长度

（c）旋流室流通面积比　　　　　　　　　（d）旋芯角

图 3.35　不同喷嘴参数下平均粒径 D_{32} 的沿程变化

③不同旋流室流通面积比时平均粒径沿程变化趋势均呈现先大幅度降低、后波动式增加、再逐步稳定的趋势，SCR 为 0.056 和 0.080 时平均粒径沿程变化均大于其余三组，SCR 为 0.106、0.136 和 0.170 时，平均粒径沿程变化比较接近。通过提取 $SL=0.8$ m 时平均粒径大小，分析发现，随着旋芯角的增加，平均粒径呈先减小后稳定的趋势，并经过曲线拟合得到函数关系：$D_{32}=141.4-854.9SCR+2\ 933.0SCR^{2}$，拟合方差为 0.931 3。

④不同旋芯角时平均粒径沿程变化趋势均呈现先大幅度降低、后波动式增加、再逐步稳定的趋势，随着 α 的增加，平均粒径沿程变化曲线呈大致减小趋势，但 $\alpha=45°$ 除外。通过提取 $SL=0.8$ m 时平均粒径大小，分析发现，随着旋芯角的增加，平均粒径呈逐渐减小趋势，并经过曲线拟合得到函数关系：$D_{32}=226.2-6.486\alpha+0.068\alpha^{2}$，拟合方差为 0.941 9。

3）沿程速度对比分析

通过雾场中轴线雾滴速度拟合结果分析发现，旋流室长度对雾滴速度影响基本可忽略，其他喷嘴结构参数主要对喷射距离 1.0 m 范围内有较大影响，喷射距离超过 1.0 m 后影响不显著。提取 $SL=2.0$ m 处雾滴速度，随着旋流室孔径、流通面积比和旋芯角的增加，雾滴速度呈增加趋势,不同参数下的雾滴速度波动在 1.5 m/s 之内,见图 3.36。

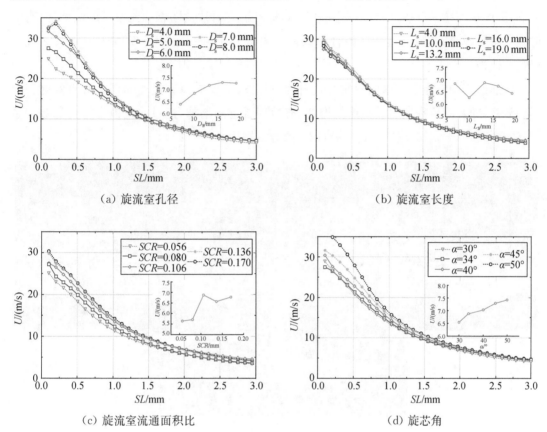

（a）旋流室孔径　　　　　　　　　　　　　（b）旋流室长度

（c）旋流室流通面积比　　　　　　　　　　（d）旋芯角

图 3.36　雾场中轴线雾滴速度沿程变化

4）有效射程对比分析

喷嘴在一定压力下喷雾时,雾滴从喷嘴口射出后分成两个区域,靠近喷嘴处为圆锥形的有效作用区,雾滴在这一区域内是密集的,且雾滴速度较大,粒径较小,雾滴在这一区域内能有效捕尘,这段区域的长度称为喷嘴在该压力下的有效射程[4,157]。但无论是实验或模拟结果,很难通过雾场浓度的变化判断出有效射程大小,为此本书为了对比不同雾场有效射程,沿喷嘴出口作一条水平线,该水平线与雾滴密集区轮廓的交汇点作为有效射程的最远距离,结果如图 3.37～图 3.40 所示。不同喷嘴参数有效射程的拟合结果如图 3.41 所示。

①通过不同旋流室孔径有效射程对比图发现,当旋流室孔径足够小时,旋流雾化喷嘴形成的雾场将变成空心雾场,随着旋流室孔径的增加,雾化角显著减小,导致沿程阻力逐渐减小,有效射程随之增加,通过曲线拟合得到函数关系为：$R_{eff} = 0.819 + 0.162\ 3D_s + 0.007\ 1D_s^2$,拟合方差为 0.981 3。

②通过不同旋流室长度有效射程对比图发现,在不同旋流室长度对应雾化角相近的情况下,雾场平均粒径存在差异,沿程阻力对雾场影响不同,致使随着旋流室长度的增加,有效射程大致呈减小趋势,通过曲线拟合得到函数关系为:$R_{\text{eff}}=2.923-0.143L_s+0.004\ 7L_s^2$,拟合方差为 0.945 7。

③通过不同旋流室流通面积比有效射程对比图发现,旋流室流通面积比对有效射程的影响显著,随着旋流室流通面积比的增加,有效射程逐渐增加,通过曲线拟合得到函数关系为:$R_{\text{eff}}=1.626+0.468SCR+15.19SCR^2$,拟合方差为 0.991 1。

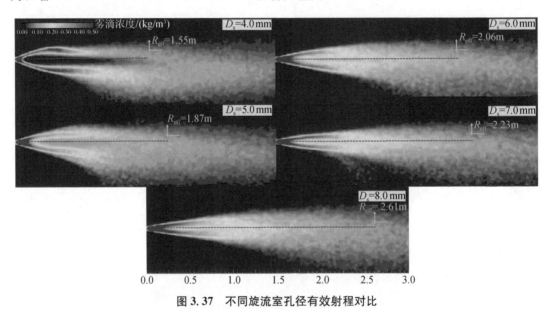

图 3.37 不同旋流室孔径有效射程对比

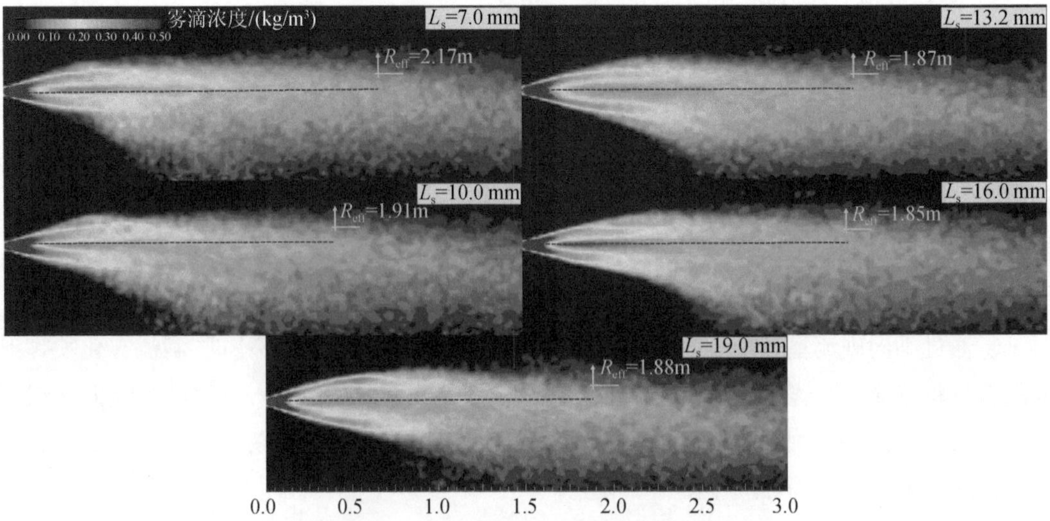

图 3.38 不同旋流室长度有效射程对比

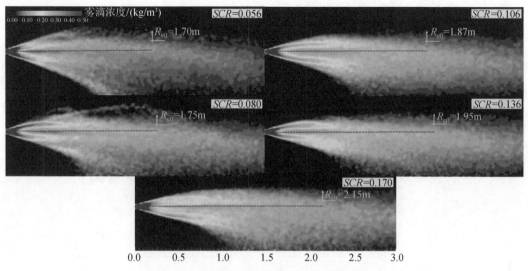

图 3.39 不同旋流室流通面积比有效射程对比

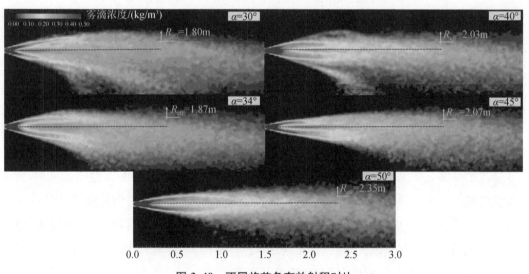

图 3.40 不同旋芯角有效射程对比

④通过不同旋芯角有效射程对比图发现,不同旋芯角对雾化角和有效射程均存在显著影响,随着旋芯角的增加,有效射程逐渐增加,通过曲线拟合得到函数关系为:$R_{eff}=2.272-0.04\alpha+0.000\ 82\alpha^2$,拟合方差为 0.961 7。

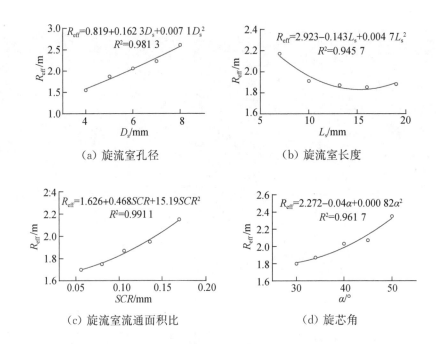

图 3.41　不同喷嘴参数有效射程拟合结果

3.4　基于 BP 神经网络的旋流喷嘴参数优化研究

通过前面的分析发现,旋流喷嘴内部结构参数对雾化角、平均粒径及有效射程有重要的影响,但影响喷嘴雾化效果的因素仍有很多,且错综复杂,难以得到明确的定量计算模型。为了实现喷嘴雾化效果的喷嘴结构反向推演,本书提出了 BP 神经网络深度学习模型,对 X 型旋流芯喷嘴的雾化效果进行预测。BP 神经网络是一种按照误差逆向传播算法训练的多层前馈神经网络,需要大量的输入和输出数据作为样本,为此本章节将结合喷雾压力、喷嘴结构与雾化效果间的非线性关系方程,实现对数据样本的扩展,再利用训练完成的 BP 模型,针对大量不同旋流室孔径、旋流室长度、旋流室流通面积比及旋芯角的设计方案进行雾化效果预测分析,优选出适用于综掘工作面外喷雾的旋流喷嘴结构。

3.4.1　BP 神经网络的原理及方法

1) BP 神经网络模型原理

到目前为止,人们已经提出了上百种神经网络模型,学习算法更是层出不穷。但是,从神经网络的应用角度来看,研究最多的只有十多种,其中研究最为广泛最具代表性的网络是 BP 神经网络,它模仿人脑神经元对外部激励信号的反应过程,建立多层感知器模型,利用信号正向传播和误差反向调节的学习机制,通过多次迭代学习,成功地搭建出处理非线性信息的智能化网络模型。

(1) BP 神经网络的理论基础

单层感知器模型是 BP 神经网络的结构基础,它试图模拟人脑神经元记忆、学习和认知的过程,采用阈值激活函数对一组输入向量的响应达到 0 或 1 的目标输出。神经元在结构上由细胞体、树突、轴突和突触四部分组成[175-179],如图 3.42 所示。树突可以接受神经冲击信息,相当于细胞的"输入端",信号经轴突传送到脑神经系统的其他部分,相当于细胞的"输出端"。信息流从树突出发,经过细胞体,然后由轴突传出。

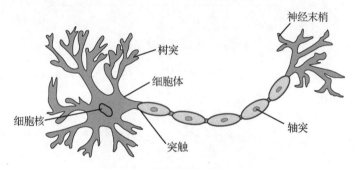

图 3.42 神经网络结构示意图

目前人们提出的神经元模型已有很多,其中提出最早且影响最大的是 1943 年心理学家 McCelland 和科学家 W. Pitts 在分析人脑神经系统结构的基础上提出的 M-P 模型[176-180]。该模型经过不断改进,形成现在的 BP 神经元模型,典型人工神经元模型如图 3.43 所示。

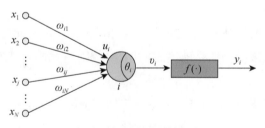

图 3.43 M-P 模型

其中 $x_j(j=1, 2, \cdots, N)$ 为神经元 j 的输入信号,w_{ij} 为连接权重,u_i 是输入信号线性组合后的输出,也是神经元 i 的净输入。θ_i 为神经元的阈值,v_i 为经阈值调整后的值,$f(\cdot)$ 为神经元的激活函数。输入信号在单层感知器传递的数学模型如下[175,178]:

$$u_i = \sum_{j=1}^{N} w_{ij} x_j \tag{3.9}$$

$$v_i = u_i + \theta_i \tag{3.10}$$

$$y_i = f(v_i) \qquad\qquad (3.11)$$

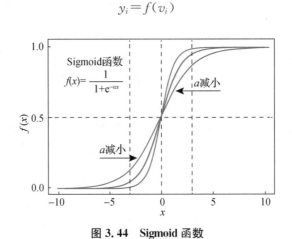

图 3.44　Sigmoid 函数

$f(\cdot)$是 BP 神经元的激励函数,本书所使用形式是 Sigmoid 函数,它的形状会因 α 的取值不同略有变化,如图 3.44 所示,数学表达式如下:

$$f(x) = \frac{1}{1+e^{-\alpha x}}, \quad \alpha\text{ 为常数} \qquad\qquad (3.12)$$

(2) BP 神经网络结构

神经网络的网络结构可以归为以下几类[177-180]:

①前馈式网络:网络结构是分层排列的,每一层的神经元输出只与下一层神经元连接。

②输出反馈的前馈式网络:网络结构与前馈式网络的不同之处在于这种网络存在着一个从输出层到输入层的反馈回路。

③前馈式内层互连网络:同一层之间存在着相互关联,神经元之间有相互的制约关系,但从层与层之间的关系来看仍然是前馈式的网络结构,许多自组织神经网络大多具有这种结构。

④反馈型全互连网络:每个神经元的输出都和其他神经元相连,从而形成了动态的反馈关系,该网络结构具有关于能量函数的自寻优能力。

⑤反馈型局部互连网络:每个神经元只和其周围若干层的神经元发生互连关系,形成局部反馈。

本研究所采用的是输出反馈的前馈式网络。

(3) BP 算法的学习机制

大量实验研究得出,两个隐含层的 BP 神经网络足以表示输入图形的任意输出函数。本书以含两个隐含层的 BP 神经网络为例,说明 BP 算法学习机制[175-185],网络结构如图 3.45 所示。

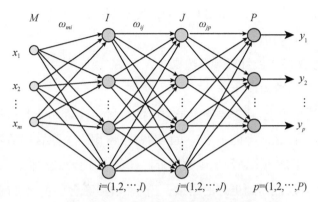

图 3.45　含有两个隐含层的 BP 网络

图 3.45 中,设输入层有 M 个输入信号,其中的任一输入信号用 m 表示;第 1、2、j 隐含层分别表示隐含层神经元个数,任一神经元用 j 表示;输出层有 P 个神经元,任一神经元用 p 表示,各层间的权重分别用 w_{mi}、w_{ij}、w_{jp} 表示。神经元的输入用 u 表示,激励输出用 v 表示。u 和 v 的上标表示层,下标表示层中的某个神经元。设训练样本集 $\boldsymbol{X}=[\boldsymbol{X}_1, \boldsymbol{X}_2, \cdots,$ $\boldsymbol{X}_k, \cdots, \boldsymbol{X}_M]$,对应任一训练样本 $\boldsymbol{X}_k=[x_{k1}, x_{k2}, \cdots, x_{kM}]'$, $k\in(1,2,\cdots,N)$。实际输出为 $\boldsymbol{Y}_k=[y_{k1}, y_{k2}, \cdots, y_{kP}]'$,期望输出为 $\boldsymbol{d}_k=[d_{k1}, d_{k2}, \cdots, d_{kP}]'$,$n$ 为迭代次数。

网络输入训练样本 $\boldsymbol{X}_k$,由工作信号的正向传播过程可得[185-189]

$$u_i^I=\sum_{m=1}^M w_{mi}x_{kn} \quad v_i^I=f(u_i^I)=f\left(\sum_{m=1}^M w_{mi}x_{kn}\right) \quad i=1, 2, \cdots, I \tag{3.13}$$

$$u_j^J=\sum_{i=1}^I w_{ij}v_i^I \quad v_j^J=\varphi(u_j^J)=\varphi\left(\sum_{i=1}^I w_{ij}v_i^I\right) \quad j=1, 2, \cdots, J \tag{3.14}$$

$$u_p^P=\sum_{j=1}^J w_{jp}v_j^J \quad v_p^P=\psi(u_p^P)=\psi\left(\sum_{j=1}^J w_{jp}v_j^J\right) \quad p=1, 2, \cdots, P \tag{3.15}$$

$$y_{kp}=v_p^P=\psi\left(\sum_{j=1}^J w_{jp}v_j^J\right) \tag{3.16}$$

输出层第 p 个神经元的误差信号为

$$e_{kp}(n)=d_{kp}(n)-y_{kp}(n) \tag{3.17}$$

定义神经元的误差能量为 $\frac{1}{2}e_{kp}^2(n)$,则输出层所有神经元的误差能量总和为 $E(n)$:

$$E(n)=\frac{1}{2}\sum_{p=1}^P e_{kp}^2 \tag{3.18}$$

在反向误差传播过程中,误差信号从后向前传递,逐层修改连接权值。经过多次迭代才能使学习误差收敛到预设精度。

2) BP 神经网络的结构设计与参数选取

(1) BP 神经网络的结构设计

对于多数神经网络来说,首先要确定隐含层的数目。Htcht-Nielsen 证明当各节点具有不同阈值时,对于任何闭区域上的一个连续函数都可以用一个隐含层的网络来逼近[182-186]。一个隐含层的前馈网络是一个通用的函数逼近器,但并不代表 BP 神经网络隐含层的最优结构,有时采用两个隐含层能得到更好的结果[177-180]。增加隐含层可增加网络的处理能力,能够进一步减小误差,提高精度,但增加隐含层必将使训练复杂化、延长训练时间,甚至会出现过拟合,通过对比分析发现,1 个隐含层更适用于本书所涉及的网络模型,因此,BP 神经网络结构示意图如图 3.46 所示。

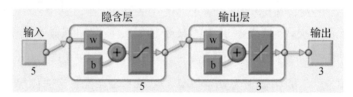

图 3.46 BP 神经网络隐含层结构

(2) BP 神经网络的样本处理

训练样本对 BP 神经网络的泛化能力有重要影响,泛化能力是指网络对训练集之外样本的反应能力。本研究所涉及的样本数据有限,但输入与输出样本存在特定的函数关系,且输入与输出样本间的函数关系是一种平滑的数学映射,同时将通过回归方程扩展样本数量[181-185]。设扩展后的样本数量为 N,网络权值和阈值的总数为 n_w,网络误差精度为 ε,则三者存在如下合理匹配的对应关系[175-189]:

$$N = \frac{n_w}{\varepsilon} \tag{3.19}$$

网络在训练前,对样本进行归一化数据处理的工作必不可少,本书中涉及的变量有角度、长度和半径,变化幅度大的变量会增加权重调整的难度。此外,BP 神经网络的常用激活函数是 Sigmoid 函数,在较大一段定义域内,该类函数的导数值变化幅度极小,在实际训练中,为了保证网络具有较高收敛速度,仅将 Sigmoid 函数导数值变化大的定义域作为样本数值的变化区间,定义域确定在[−1,1]的区间内。

（3）BP 神经网络初始权值的选择

初始权值有可能造成网络产生局部最优解问题,国内学者曾经使初始权值在[−0.5,0.5]和[−1.5,1.5]的区间内随机取值,过大的初始权值在训练过程中权值的修正容易产生跳跃现象,还会导致神经元易于进入饱和状态,最终训练权值在[−1,1]范围内为宜。从全局的观点来看,影响网络训练的因素除初始权值外,还有很多因素,如学习速率和动量项的设定、网络结构及激活函数的选择等。在其他因素一定的条件下,普遍认为权值初始值的范围应该在[−0.5,0.5][186-188]。

（4）BP 神经网络学习率的选择

BP 算法的理论基础是梯度下降法,在学习过程中利用该方法使权重沿误差曲面的负梯度方向调整。学习率 η 也称学习步长,是决定权重调整量 $\Delta w_{ij}(n)$ 大小的关键因素。较大的权值调整量可能导致网络在误差的最小值附近来回跳动,产生震荡现象,网络因此变得发散而不能收敛[181-183]。

$$\Delta w_{ij}(n)=-\eta\frac{\partial E(n)}{\partial w_{ij}(n)} \tag{3.20}$$

通过上述分析得到 BP 神经网络的主要参数如表 3.5 所示。

表 3.5　BP 神经网络主要参数

名称	参数	名称	参数
输入节点数量	5	训练顺序函数	randperm
隐含层数量	1	net. trainFcn	Levenberg-Marquardt
隐含层节点数量	5	net. trainParam. epochs	50 000
输出节点数量	3	net. trainParam. goal	1×10^{-3}
训练样本数量	150	net. trainParam. lr	0.01
测试样本数量	26	net. trainParam. max_fail	20

（5）BP 神经网络设计步骤

喷嘴参数方案优选过程为:首先根据非线性关系方程计算并扩充样本数量,采用MATLAB 程序实现对 BP 算法的构建,选取输入层变量为喷雾压力 P、旋流室孔径 D_s、旋流室长度 L_s、旋流室流通面积比 SCR、旋芯角 α 取值范围分别为 1.0～8.0 MPa、4.0～8.0 mm、7.0～19.0 mm、0.056～0.170、30°～40°,为了获取不同喷雾压力下最优喷嘴结构,将 D_s、L_s、SCR 和 α 取值范围20 等分,共计 160 000 组喷嘴参数方案。依次读入 160 000 组数据,利用训练完成的 Net 模型对雾化效果进行预测,并判定是否满足筛选条件,筛选原则为低喷雾压力下适量增加有效射程,高喷雾压力下适量增加雾化角,即在满足有效射程的条件下优选雾化角,BP 神经网格优化算法的具体步骤及流程见图 3.47。

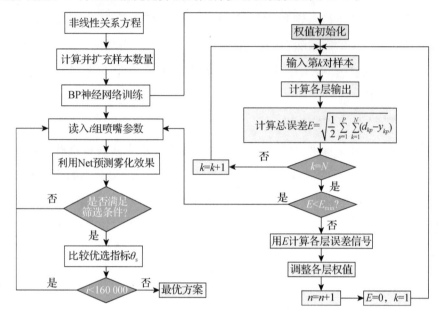

图 3.47　优化算法流程图

其中 BP 网络训练具体步骤如下:

①权值初始化:将一组较小的非零数值,随机赋予 $w_{mi}(O)$、$w_{ij}(O)$、$w_{jp}(O)$;

②确定 BP 神经网络的结构参数并定义变量:设 $\boldsymbol{X}_k=[x_{k1},\ x_{k2},\cdots,\ x_{kM}]$,$(k=1,2,\cdots,N)$ 为输入向量,N 为训练样本的个数。$\boldsymbol{Y}_k(n)=[y_{k1}(n),\ y_{k2}(n),\cdots,\ y_{kP}(n)]$ 为第 n 次迭代的网络实际输出。$\boldsymbol{d}_k=[d_{k1},\ d_{k2},\cdots,\ d_{kP}]$ 为期望输出;

③输入训练样本:依次输入训练样本集 $\boldsymbol{X}=[\boldsymbol{X}_1,\ \boldsymbol{X}_2,\cdots,\boldsymbol{X}_k,\cdots,\ \boldsymbol{X}_N]$,设此次学习的样本 $\boldsymbol{X}_k(k=1,2,\cdots,\ N)$;

④正向传播:计算网络输出,计算样本 $\boldsymbol{X}_k$ 的训练误差;

⑤反向传播:根据误差信号,更新各层权值和阈值。判断是否 $K>N$,若大于转到步骤⑥,否则转到步骤③;

⑥计算网络训练总误差,若达到精度要求,则结束训练,否则转到步骤③,开始新一轮的学习[188-189]。

3.4.2　基于 BP 神经网络的喷嘴结构优化结果

1) BP 神经网络训练结果校验

通过上一节所述的 BP 神经网络设计结构,得到训练后的网格模型,提取训练过程中的均方根误差变化值,见图 3.48。为防止过拟合,MATLAB 采用的方法是把数据划分成:训练样本、校验样本、测试样本三组,其中训练样本 150 组,测试样本 26 组。由图可知,随着训练迭代次数增加,训练样本、校验样本和测试样本的均方根误差显著递减,校验样本在 9 次迭代后均方根误差达到 Best 值,均方根误差为 6.5×10^{-4},由于样本数量有限,通常认为均方根误差小于 1×10^{-3},网络即有效[180-189]。

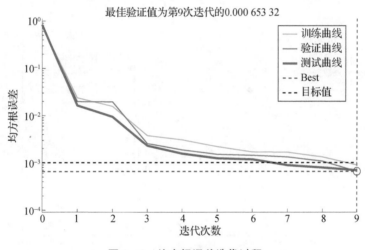

图 3.48　均方根误差迭代过程

为了进一步分析训练样本、校验样本及测试样本的预测效果,提取不同组样本与预测值进行对比,如图 3.49 所示,图中散点表示样本,实线表示预测模型,虚线为预测值与样本值完全吻合线。分析发现,全部样本数据基本在 $Y=T$ 线周围,预测效果较好,误差为 0.988 28,校验样本除个别样本偏离 $Y=T$ 线,校验结果为 0.983 5,由此推断预测模型可基本预测雾化效果。

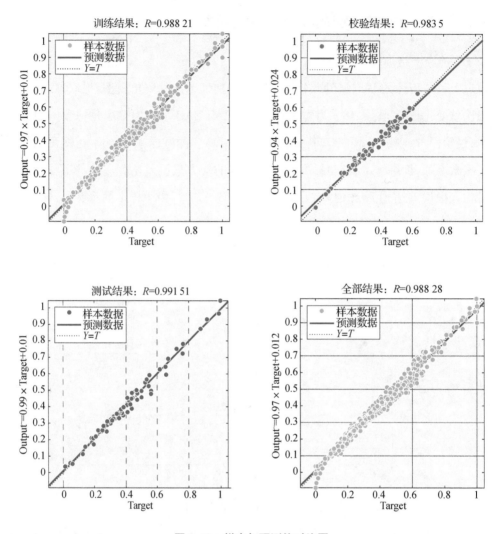

图 3.49 样本与预测值对比图

为了检验雾化角、雾滴平均粒径和有效射程的各自预测效果，提取校验样本与预测值进行对比分析，如图 3.50 所示。分析发现，雾化角、平均粒径和有效射程的预测结果基本能反映出雾化效果变化趋势，雾化角预测误差为 $-5.33\%\sim5.43\%$，平均粒径预测误差为 $-12.37\%\sim4.27\%$，有效射程预测误差为 $-5.72\%\sim5.93\%$，雾化角的预测效果最佳。考虑到影响雾化效果的因素复杂多样，认为 BP 神经网络对雾化效果的预测基本准确。

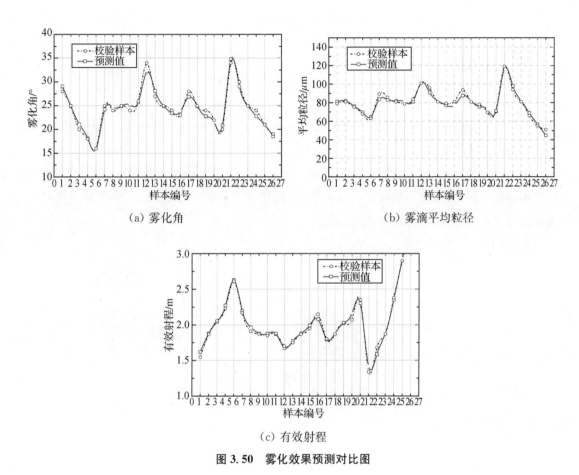

（a）雾化角　　　　　　　　　　　　（b）雾滴平均粒径

（c）有效射程

图 3.50　雾化效果预测对比图

2）BP 神经网络优选结果与实验对比

（1）优选方案确定

首先是喷雾压力为 3.0 MPa 的喷嘴结构优选，通过对 160 000 组喷嘴参数的雾化效果对比，最终得到 A、B、C 三组优选喷嘴参数设计方案，表 3.6 为三组优选方案参数及雾化效果。分析发现，综掘面外喷雾一般设置在距迎头 2.0 m 处，优选方案有效射程均超过 2.0 m，满足综掘面外喷雾的射程要求，考虑到 3.0 MPa 压力下有效射程往往不足，在雾化角和平均粒径相近的情况下，选定有效射程最大的优化方案 C 作为 3.0 MPa 喷雾压力的新型旋流喷嘴参数，则新型旋流喷嘴雾化效果预测值分别为雾化角 28.079 4°，平均粒径 D_{32} 为 74.323 7 μm，有效射程为 2.254 5 m。

表 3.6　优选方案参数

方案	D_s/mm	L_s/mm	SCR	α/°	模拟结果		
					θ_s/°	$D_{32}/\mu m$	R_{eff}/m
优化方案 A	4.0	13.0	0.095 9	35	28.527 6	73.500 3	2.050 7
优化方案 B	4.0	13.0	0.095 9	36	28.317 2	73.828 7	2.102 3
优化方案 C	4.0	13.0	0.095 9	37	28.079 4	74.323 7	2.254 5

（2）实验结果对比

为了验证通过基于非线性方程的 BP 神经网络研发的新型旋流喷嘴雾化效果,对新型旋流喷嘴进行实物加工,并对喷嘴进行激光切割,测定加工后喷嘴参数尺寸,新型旋流喷嘴三维模型与实物如图 3.51 和图 3.52 所示。

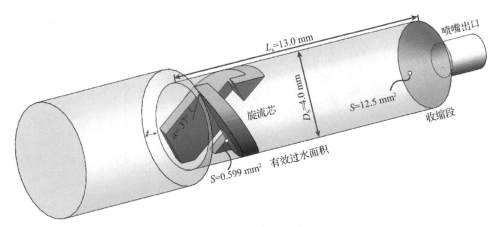

图 3.51　新型雾化喷嘴内流道示意图

图 3.52　新型旋流喷嘴实物图

利用游标卡尺等精细测量设备测定发现,加工实物图与设计模型尺寸基本一致,基于图 3.1 中所述的旋流喷嘴雾场特性实验平台,对新型旋流喷嘴进行雾化角、雾滴粒径分布及有效射程的实验测定,测定结果如图 3.53~图 3.54 所示。经过实验测定发现,3.0 MPa 喷雾压力时新型旋流喷嘴雾化角为 24.2°,相比原喷嘴 25.5°雾化角减小了 5.10%,但新型旋流喷嘴雾场在 0.8 m 处平均粒径 D_{32} 为 64.43 μm,相比原喷嘴 D_{32}(69.43 μm)减小了 7.20%,有效射程测定结果为 2.1 m 左右,相比原喷嘴有效射程 1.8 m 增加了 16.67%。综上所述,通过 BP 神经网络对喷嘴参数进行预测优化,改变旋流喷嘴雾场粒径、速度及浓度分布,研发出的 3.0 MPa 新型旋流喷嘴有效射程达到 2.1 m,满足综掘面外喷雾射程需求,且平均粒径减小了 7.20%,弥补了低压力雾化粒度小的缺点,由此可推断出基于非线性方程的 BP 神经网络旋流喷嘴预测与优化方法是相对准确可行的。

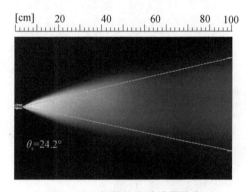

图 3.53　新型旋流喷嘴雾化角

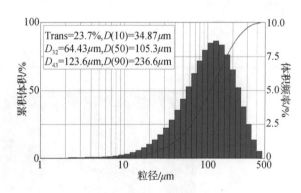

图 3.54　新型旋流喷嘴雾化粒径分布

(3)不同喷雾压力新型旋流喷嘴优化

为了比较该优化方法得到的新型旋流喷嘴与目前煤矿应用的典型旋流喷嘴的降尘效果,基于低喷雾压力增加有效射程、高喷雾压力增加雾化角的原则,采用同样的优化方法得到 2.0 MPa、4.0 MPa、6.0 MPa 和 8.0 MPa 下的最优喷嘴结构,共计 4 个,分别标记为 N2.0、N4.0、N6.0 和 N8.0,如表 3.7 所示。

表 3.7　新型喷嘴尺寸明细表

喷嘴	D_s/mm	L_s/mm	SCR	α/°	模拟结果		
					θ_s/°	D_{32}/μm	R_{eff}/m
N2.0	4	14.2	0.164 3	49	25.893 7	74.731 6	2.002 9
N4.0	4	9.4	0.147 2	33	25.061 3	74.880 1	2.197 9
N6.0	4	13.0	0.130 1	30	23.011 7	57.625 7	3.370 9
N8.0	4	11.2	0.152 9	30	21.177 5	52.429 9	3.406 6

基于雾化特性实验对新型旋流喷嘴进行雾化角、平均粒径和有效射程的测定,结果如表3.8所示,分析发现,新型旋流喷嘴在原型喷嘴的基础上优化了雾化角、雾滴粒径和有效射程,以更适用于综掘工作面外喷雾,例如,针对低喷雾压力有效射程不满足要求,雾滴粒径大的问题,研发的新型旋流喷嘴 N2.0 的 D_{32} 减少了 18.07%,有效射程增加了 17.65%;针对高喷雾压力雾化角过小问题,研发的新型旋流喷嘴 N8.0 的雾化角增加了 17.65%。新型旋流喷嘴实物如图 3.55 所示。

表 3.8 优化前后喷嘴雾化效果对比表

喷嘴	改进前实验结果			改进后实验结果			变化率		
	$\theta_s/°$	$D_{32}/\mu m$	R_{eff}/m	$\theta_s/°$	$D_{32}/\mu m$	R_{eff}/m	θ_s	D_{32}	R_{eff}
N2.0	28	83	1.7	24	68	2.0	-14.29%	-18.07%	17.65%
N4.0	22	62	2.2	24	65	2.2	9.09%	4.84%	0.00%
N6.0	19	51	3.2	22	54	3.0	15.79%	5.88%	-6.25%
N8.0	17	49	3.6	20	50	3.2	17.65%	2.04%	-11.11%

图 3.55 新型旋流喷嘴实物图

3.5 本章小结

(1)基于马尔文 Spraytec 粒径分析仪等设计了雾滴粒径测定实验和雾场形态图像采集实验,通过实验对目前现有喷嘴的雾化效果进了测定及对比分析,优选出 X 型旋流芯喷嘴更适用于综掘面掘进机外喷嘴,并确定了 P1.5、P2.0、K1.6 和 K2.0 四种具有代表性的典型旋流喷嘴作为喷雾方案的优选,以及孔径为 1.6 mm 的 X 型旋流芯喷嘴作为新型旋流喷嘴的优化对象。

(2)通过模拟分析掌握了不同喷雾压力下旋流喷嘴雾场径向及沿程分布规律,得到喷雾压力与雾化角、平均粒径和有效射程的关系,基于多尺度旋流雾化仿真模型,揭示了喷嘴内流场、一次雾化和二次雾化的发展规律,得到了不同喷雾压力下雾场速度和平均粒径在轴径向分布规律,并依据破碎效率和碰撞聚合效率将雾场大致分为 $0\sim0.25$ m、$0.25\sim1.0$ m、>1.0 m 共三个阶段,明确了喷雾压力与雾化角、平均粒径和有效射程的函数关系;提出了旋流数 Ω 描述流体的旋流程度,通过对不同喷嘴参数进行对比分析,得到了不同喷嘴参数与雾化效果间的非线性函数关系。经过实验验证发现索特尔直径(D_{32})与实验结果相对误差为 $1.8\%\sim21.4\%$,德布罗克粒径(D_{43})吻合度较好,相对误差为 $1.0\%\sim11.6\%$,且雾场形态模拟结果和实验结果基本吻合。

(3) 对 BP 神经网络进行结构设计与参数选取,确定了网络隐含层数量、初始权值选择、学习效率设定等参数,结合喷雾压力、喷嘴参数与雾化效果间的非线性函数,扩展了 BP 神经网络训练样本,基于训练完成的 BP 神经网络模型实现了对不同喷雾压力下 160 000 组喷嘴参数设计方案的雾化效果预测,优选出的 3.0 MPa 新型旋流喷嘴相比原喷嘴有效射程增加了 16.67%,达到了 2.1 m,满足了综掘面外喷雾射程需求,且平均粒径减小了 7.20%,由此认为基于非线性方程的 BP 神经网络旋流喷嘴预测与优化方法是相对准确可行的,最终针对 2.0 MPa、4.0 MPa、6.0 MPa 和 8.0 MPa 四种喷雾压力优化得到 N2.0、N4.0、N6.0 和 N8.0 四种新型旋流喷嘴。

4 基于 CFD-DEM 的综掘面通风控除尘规律研究

煤矿综掘面通常采用风-水双控协同增效除尘手段,通风控除尘与喷雾降尘两者相互作用、相互影响,摸清综掘面通风控除尘规律是综合化控除尘的前提。在综掘工作面中以单压通风和压抽混合通风除尘为主,近些年通过增设风幕发生器形成阻尘风幕的方式也被部分综掘工作面采用[190-195],为此本书选用了蒋庄煤矿 $3_下610$ 综掘面和蒋庄煤矿 $3_下905$ 综掘面为研究对象,结合现场实测,基于更为准确的 CFD-DEM 风流—粉尘耦合方法对所述三种通风控除尘方式进行研究,以期明确不同通风方式下综掘面风流运移规律及不同粒级粉尘扩散污染机制,为提高喷雾降尘效率及设计综合化控除尘方法提供理论参考。

4.1 单压通风下综掘面细观粉尘扩散污染规律

4.1.1 蒋庄煤矿 $3_下610$ 综掘面概况

蒋庄煤矿 $3_下610$ 煤巷综掘工作面断面形状为矩形,巷道宽、高分别为 4.0 m、3.1 m,断面积为 12.4 m^2,该设计主要用于形成 $3_下610$ 工作面生产系统,满足 $3_下610$ 采煤工作面回采时通风、行人、运输、管线敷设的需要。$3_下610$ 煤巷位于 $3_下$ 煤中,$3_下$ 煤在本区内发育稳定,全区可采,煤层厚度在 1.85～6.17 m,平均 4.53 m。$3_下$ 煤结构较复杂,局部含夹石,煤层倾角在 $0°\sim15°$ 之间,平均 $7°$。$3_下$ 煤层为黑色,为半亮型煤,煤质较好,内生裂隙发育,硬度系数为 3。$3_下610$ 煤巷综掘工作面为低瓦斯、低二氧化碳工作面,工作面回风流瓦斯、二氧化碳平均绝对涌出量分别为 0.07 m^3/min、0.1 m^3/min。$3_下$ 煤煤尘爆炸指数为 36.48%,煤层有自然发火倾向,自燃类等级为二类,最短发火期 37 天。

$3_下610$ 煤巷综掘工作面采用最大截煤岩硬度为 8.5 的 EBZ220 型掘进机,掘进机截割产生的落煤由 QZP-60 型桥式转载机与 SD-80 型皮带运输机输送至煤仓。巷道采用锚网(梯索)支护或架棚支护。生产过程中,采用长压短抽的局部通风方式,安装 FBDNO5.6—2×15 kW 局部通风机,压风口压风量为 250 m^3/min 左右,可满足生产需要,并实现了"双风机双电源",压风筒为抗静电阻燃风筒,直径为 0.6 m,确保通风安全。

4.1.2 蒋庄煤矿 $3_下610$ 综掘面几何模型

根据蒋庄煤矿 $3_下610$ 综掘工作面现场情况,应用三维建模软件建立几何模型,物理模型由巷道、综掘机、压风筒、桥式转载机及皮带运输机五大部分构成。巷道为长×宽×高＝40.0 m×4.0 m×3.1 m 的长方体;综掘机总长度 8.8 m,由机身、铲板、截割臂、截割头及行走履带构成,其中,机身为长×宽×高＝6.0 m×2.4 m×1.7 m 的长方体,底部为行走履带;压风筒是直径 0.6 m 的圆柱体,中轴线均距地面 2.1 m,距最近巷道壁 0.1 m,设置压风口距工作面 10.0 m,综掘机后部连接桥式转载机与皮带运输机,几何模型见图 4.1。图中,x 正方向表示由巷道底板中轴线至压风筒一侧壁面的方向,y 正方向表示由工作面至巷道末端的方向,z 正方向表示由底板至顶板的方向。

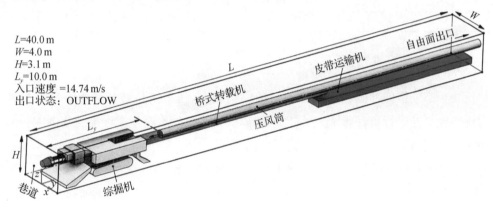

图 4.1　综掘面几何模型图

4.1.3 边界条件设置

蒋庄煤矿 $3_下610$ 综掘工作面基本边界条件设置如下:压风口圆形面边界类型为 VELOCITY_INLET,进风风速为 14.74 m/s,湍流强度为 23%,水力直径为 0.6 m,巷道出口面边界类型为 OUTFLOW。其中空气密度为 1.225 kg/m³,以此为基础,采用 FLUENT 软件数值模拟了上述边界条件下风流场的运移,再将风流速度场在三维空间的分向量(u,v,w)信息传入 EDEM 中,以颗粒体积力加载的方式,将编译后的单向耦合模型加载到 EDEM 求解模型中,并完成风流-粉尘耦合场的基本参数设置。

根据综掘面粉尘粒径的特点选取特征粒径作为研究对象,分别为 1 μm、7.1 μm、10 μm、20 μm、30 μm、40 μm、60 μm、80 μm、100 μm 共 9 种,粉尘密度为 1 400 kg/m³,粉尘颗粒与颗粒间的接触模型选择 Hertz-Mindlin (No Slip)模型[149-153]。由于粉尘颗粒的形状对运动特性的影响较小,假定粉尘颗粒为圆球形,粉尘颗粒发射数量为 9 000 个,计算所用时间步

长为 $5.25×10^{-7}$ s,总计算时间为 50.0 s,主要参数设定如表 4.1 所示。

表 4.1　数值模拟主要参数表

求解器	类型	数值	类型	数值
CFD	求解类型	Pressure-Based	进风口类型	VELOCITY_INLET
	时间	Steady	进风口速度	14.74 m/s
	出口类型	OUTFLOW	求解方法	SIMPLE
	湍流模型	$k\text{-}\varepsilon$ model	空气黏度系数	$1.789\ 4×10^{-5}$ kg/(m·s)
	空气密度	1.225 kg/m³	水力直径	0.6 m
DEM	粉尘间接触模型	Hertz-Mindlin(No Slip)	粉尘密度	1 400 kg/m³
	粉尘与 Wall 接触模型	Hertz-Mindlin (No Slip)	时间步长	$5.25×10^{-7}$ s
			计算总时间	50.0 s

4.1.4　网格独立性验证

风流场瞬态模拟的准确性受网格数量的影响较大,通常网格数量越多离散误差越小。因此对网格独立性进行研究非常必要,以确保离散误差和舍入误差在可接受范围内,并且模拟结果不会随网格数量的增加而发生显著变化[196-207]。

利用 ICEM CFD 分别生成"密"(5 596 331 个)、"较密"(3 171 979 个)、"中等"(1 796 213 个)共 3 种不同网格密度的离散网格,其网格质量均保证在 0.4 以上。因在综掘面 40.0 m 巷道区域内各断面位置的流场差异很大,所以选择 10.0 m 和 20.0 m 巷道断面进行对比分析,发现 3 种网格求解得到的沿 x 方向 1.0 m 水平高度的风流速度值,图 4.2 分别为各巷道断面的速度对比图。

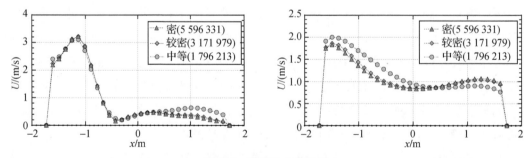

图 4.2　网格独立性验证

分析发现 3 种网格的风速趋势具有较强的一致性,"较密"网格与"密"网格在取样点的速度大小非常接近,而"中等"网格与上述两者相差较大,因此可认为"较密"网格已满足网格独立性要求,可保证风流场和粉尘场模拟的准确性,见图4.3。

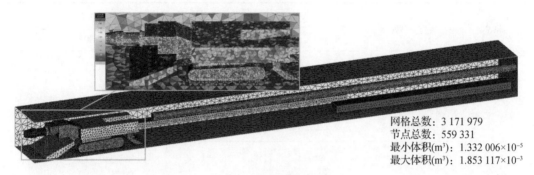

网格总数: 3 171 979
节点总数: 559 331
最小体积(m³): 1.332 006×10⁻⁵
最大体积(m³): 1.853 117×10⁻³

图 4.3　几何模型网格图

4.1.5　模型验证

为了验证数值模拟结果的准确性,通过对蒋庄煤矿 $3_\text{下}610$ 综掘面单压通风条件下风流速度及粉尘浓度进行现场实测。实测时,现场实测压风量 246 m³/min,压风口距工作面10.2 m。根据巷道尺寸及现场生产布置情况,共设置了 6 个测风断面,分别为距迎头 2.5 m、5.0 m、10.0 m、20.0 m、30.0 m 和 40.0 m,每个测风断面均设置了 4 个测风点($W_1 \sim W_4$),如图 4.4 所示。考虑到部分巷道断面距离迎头过近,故选择在综掘机非运行状态下测定各断面风速值,结果如表 4.2 所示。

现场测尘点共设置 6 个($D_1 \sim D_6$),采用矿用粉尘采样器于巷道一侧采集测点粉尘,并将采集后的滤膜密封保存,利用清洁剂洗尘去污的功能,对采集后的滤膜冲洗溶解取样,利用 MS3000 马尔文激光粒度仪分析检测取样后的粉尘溶液。以距迎头 2.5 m 处测尘点 D_1 的粉尘量作为尘源处粉尘,计算得到其余 5 个测尘点不同粒度粉尘沉降率,并将实测值数据与模拟值数据进行对比,如图 4.5 所示。其中,各测点粉尘沉降率表示粉尘沿程沉降累计值。

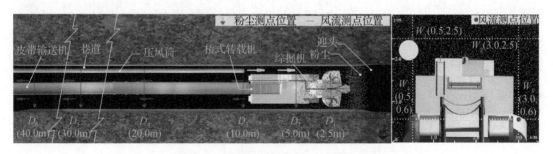

图 4.4　测风测尘断面及测点布置示意图

表 4.2 风速实测值与模拟值对比结果

测点	风流速度	不同断面位置/m					
		2.5	5	10	20	30	40
W_1(0.5,2.5)	实测值/(m/s)	↓2.25	⊙3.61	⊙2.35	↑1.28	↓0.13	←0.31
	模拟值/(m/s)	↓2.01	⊙3.44	⊙2.53	↑1.13	↓0.12	←0.28
	相对误差/%	10.67	4.71	7.66	11.72	7.69	9.68
W_2(3.0,2.5)	实测值/(m/s)	→7.62	⊕8.37	→1.36	→0.43	⊙0.12	⊙0.34
	模拟值/(m/s)	→7.45	⊕8.74	→1.45	→0.45	⊙0.13	⊙0.31
	相对误差/%	2.23	4.42	6.62	4.65	8.33	8.82
W_3(3.0,0.6)	实测值/(m/s)	↑2.31	↑1.25	↑0.81	↑0.55	↑0.81	⊙0.31
	模拟值/(m/s)	↑2.12	↑1.33	↑0.84	↑0.51	↑0.87	⊙0.34
	相对误差/%	8.23	6.40	3.70	7.27	7.41	9.68
W_4(0.5,0.6)	实测值/(m/s)	↓2.33	⊙0.32	↑1.57	⊙1.74	⊙0.81	⊙0.86
	模拟值/(m/s)	↓2.09	⊙0.34	↑1.49	⊙1.57	⊙0.76	⊙0.77
	相对误差/%	10.30	6.25	5.10	9.77	6.17	10.47

表 4.2 中,风流方向采用以下图标表示:⊕为风流指向迎头方向,⊙为风流背向迎头方向;→为风流由压风筒一侧指向另一侧,←为风流由压风筒对侧指向压风筒一侧。↑表示风流由风筒底板指向顶板,↓表示风流由风筒顶板指向底板。

通过对比分析发现,蒋庄煤矿 $3_{下}$610 综掘工作面单压通风时,各断面测点风速实测值与数值模拟值的风流方向一致,风速实测值与数值模拟值大小的相对误差范围为 2.23%(W_2)~11.72%(W_1),测点均误差为 7.41%;粉尘沉降率实测值与数值模拟值的相对误差范围为 1.8%(D_2,20 μm)~17.5%(D_4,80 μm),测点均误差为 8.2%,误差较小,可认为数值模拟选择的粉尘数量足以满足粉尘扩散污染机制的研究需求,并且基于 CFD-DEM 耦合构建的粉尘扩散模型是准确的。

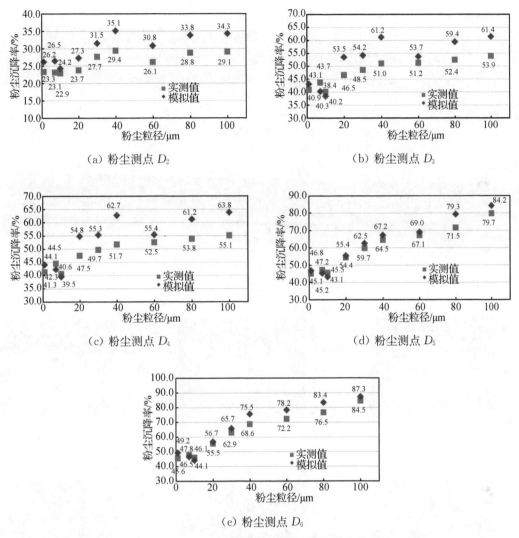

(a) 粉尘测点 D_2 (b) 粉尘测点 D_3

(c) 粉尘测点 D_4 (d) 粉尘测点 D_5

(e) 粉尘测点 D_6

图 4.5 $D_2 \sim D_6$ 测点降尘率的实测值与模拟值对比

4.1.6 数值模拟结果分析

1) 风流场运移结果分析

图 4.6～图 4.7 中的标尺均为风流速度值,单位为 m/s,由图可知:

①综掘面的风流场主要受压风口射出的高动量空气影响,压风口射出的高速空气向工作面方向运移形成高速射流场,压风口附近的低速空气被卷吸入射流场中,获得横向传递的动量,随原先射出的空气一同往前流动。在流动过程中,风流的沿程损失逐渐增加,射流场内的空气因动量减小风速降低,同时受横向速度梯度影响,在距工作面 2.0～5.0 m 区域内,

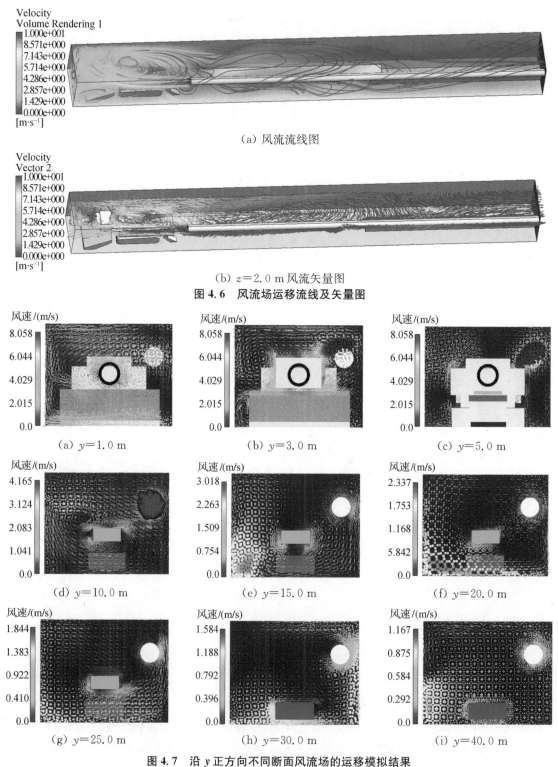

（a）风流流线图

（b）$z=2.0$ m 风流矢量图

图 4.6　风流场运移流线及矢量图

（a）$y=1.0$ m

（b）$y=3.0$ m

（c）$y=5.0$ m

（d）$y=10.0$ m

（e）$y=15.0$ m

（f）$y=20.0$ m

（g）$y=25.0$ m

（h）$y=30.0$ m

（i）$y=40.0$ m

图 4.7　沿 y 正方向不同断面风流场的运移模拟结果

低动量空气由指向工作面方向转为背向工作面方向,向后流动的部分风流受高速射流场的卷吸作用,再次被吸入射流场内。从而在距工作面 2.0～10.0 m、距顶板 0～1.5 m 区域内,形成射流场内能量较大的涡流场。

②在距工作面 2.0 m 区域内,射流场空气遇前方工作面后,风流流向紊乱,纵向、横向方向出现多个小涡流,形成工作面扰流区。其中,因射流场空气遇工作面碰撞反弹,迎头处压风筒侧空气沿底板向后方运移,随着与压风口距离减小,上方射流场卷吸作用增大,被卷吸入射流场,在距工作面 0～5.0 m 形成较大纵向涡流。

③距工作面 10.0～25.0 m 区域内,自工作面向后方流动具有较大动量的空气随扩散断面扩大,以及风流沿程损失增加,动量逐渐减小,向后方流动且具有较大动量的顶板空气由聚集 x 负值侧逐渐转向 x 正值侧,在前方压风射流场卷吸作用下,x 正值侧顶板空气指向工作面方向流动,形成较大横向涡流。同时向后方流动且具有较大动量的底板空气,受转载机阻隔影响,脱离涡流场作用向巷道末端流动。

④距工作面 30.0～40.0 m 区域内,受压风口射流场及涡流场的卷吸作用逐渐削弱,巷道底板存在大量较高动量空气,因前部涡流场影响,顶板空气动量较小,在垂直方向出现速度梯度,形成由巷道底板指向巷道顶板运移的风流。巷道末端风流的 x、z 方向分速度逐渐减小,绝大多数风流均指向 y 正方向,风流场趋于稳定。

2) 粉尘-风流耦合场运移结果分析

根据煤矿粉尘粒径分布特点,选取粒径为 1 μm、7.1 μm、10 μm、20 μm、30 μm、40 μm、60 μm、80 μm、100 μm 共 9 组代表性的粉尘研究其扩散行为。其中,每组粉尘颗粒群共计 1 000 个,自动随机生成于距工作面 1.0 m 区域内,图 4.8 为不同时刻粉尘-风流场耦合模拟结果图,图中标尺的数值为风流场风速大小。

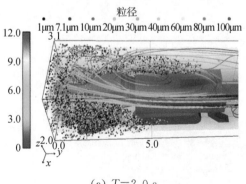

(a) $T = 2.0$ s

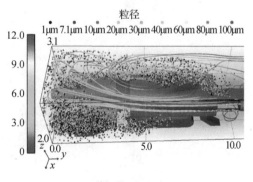

(b) $T = 3.0$ s

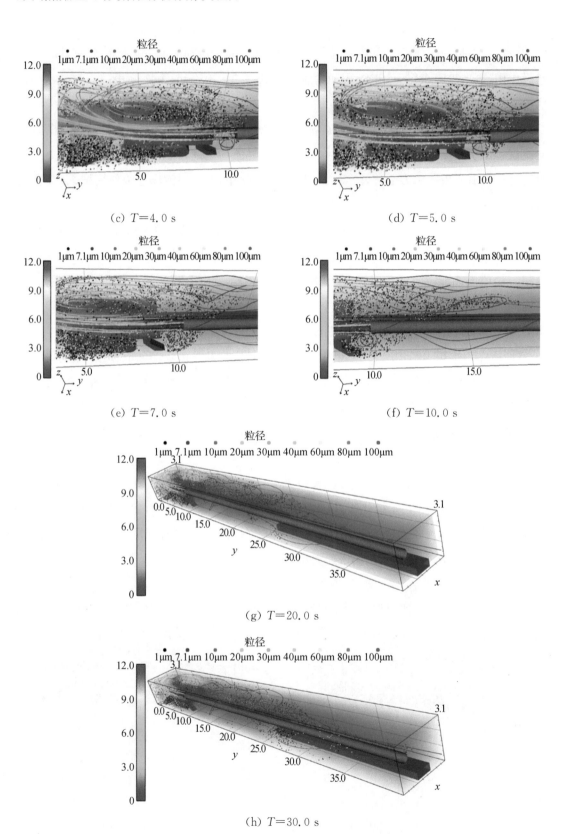

(c) $T=4.0$ s

(d) $T=5.0$ s

(e) $T=7.0$ s

(f) $T=10.0$ s

(g) $T=20.0$ s

(h) $T=30.0$ s

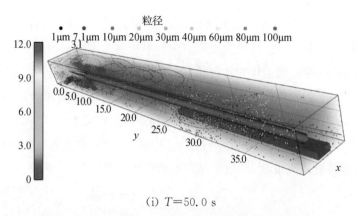

(i) $T=50.0$ s

图 4.8　不同时刻风流-粉尘耦合场运移数值模拟结果

由图 4.8～图 4.11 可知：

①结合图 4.9 可知,迎头处各粒径粉尘因强劲的风流场作用,在 2.0 s 左右时间内扩散距离达 10.0 m 左右至综掘机后部,粉尘速度最大值可达到 5.0 m/s 左右;自扩散 2.0 s 后,随着距迎头越远其风流场作用力削弱,粉尘扩散能力降低,粉尘速度最大值缓慢减小,稳定于 0.8～2.5 m/s 区间内;由图 4.8 知,在 20.0 s 左右时间内粉尘扩散至距迎头 25.0 m 处左右,此时受风流涡流场影响,扩散能力骤降,粉尘动量迅速减小,部分颗粒速度降至零,因此在 20.0～25.0 m 区域聚集大量低动量粉尘,形成回流粉尘聚集区;自扩散 30.0 s 后,处于风流涡流场较大且靠近顶板的粉尘逐渐产生向工作面扩散的动量,速度由指向巷道末端转变为工作面方向,而靠近底板的粉尘受底部风流场影响以较大速度向巷道末端扩散;33.0 s 左右部分粉尘已扩散至巷道末端,移出计算域。图 4.9 表明在 40.0 m 巷道内,扩散距离 L 与所需时间 T 呈线性递增趋势,关系表达式为 $T=0.913\,6L-5.707\,1$;扩散距离 L 与粉尘速度最大值 V 趋向对数衰减趋势,关系表达式为 $V=-1.868\ln(L)+7.575\,6$。

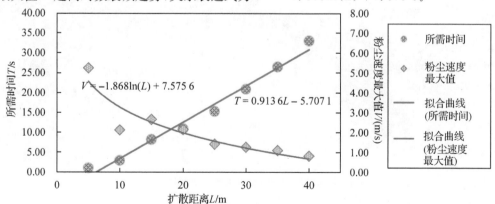

图 4.9　所需扩散时间、速度最大值与扩散距离的关系图

②从不同粒径的粉尘在风流中的沉降行为来看,重力是影响粉尘沉降的主要因素,在扩散的前3.0 s内足以看出不同粒径粉尘受重力的影响程度。因此在坐标(320 mm,295 mm,1 591 mm)处发射不同粒径粉尘作对比分析,见图4.10(a)和(b)。可以观察到,随着粉尘粒径的增大,沿z方向的偏离比值呈非线性增大。经过曲线拟合得到轨迹偏离比(P_z)和粉尘粒径(D)的关系为:$P_z = -0.008\ 2D^2 - 0.05D + 0.422\ 8$。粒径小于40 μm的粉尘偏离比低于2‰,运动轨迹与风流流线基本一致,当粒径超过40 μm后,重力作用逐渐凸显。因此,较小的粉尘颗粒很难脱离风流束缚,导致难以在重力作用下发生沉降,污染距离较长。

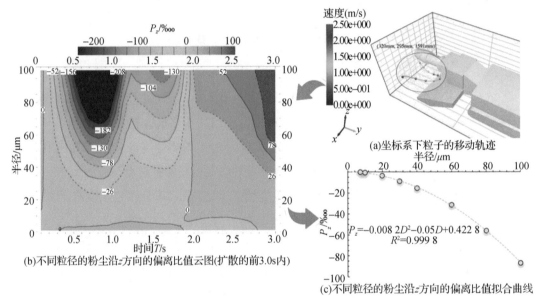

(a)坐标系下粒子的移动轨迹

(b)不同粒径的粉尘沿z方向的偏离比值云图(扩散的前3.0s内)

(c)不同粒径的粉尘沿z方向的偏离比值拟合曲线

图4.10 不同粒径粉尘z向轨迹偏差比

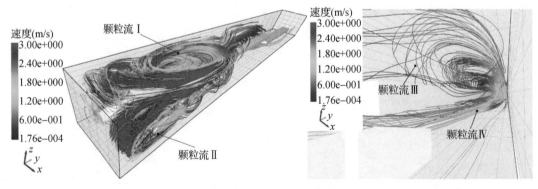

图4.11 2.5 μm粉尘颗粒迹线图

③由前面分析可知,小颗粒粉尘对巷道污染威胁更大,因此对粒径为2.5 μm的粉尘迹线进行分析,受距工作面2.0~11.0 m区域内的较大涡流场作用,大量粉尘自工作面沿x负

值侧向巷道末端扩散,在距迎头 10.0 m 左右脱离涡流作用时,靠近涡流区中心约 60% 左右的粉尘无法脱离涡流束缚,在卷吸作用下卷入横向涡流场(颗粒流Ⅰ),其余粉尘脱离涡流场束缚,沿巷道壁面向巷道末端方向扩散,平均速度约为 2.3 m/s 左右;受迎头垂直方向风流涡流场影响,大量粉尘于压风筒侧迎头处形成直径达 5.0 m 的粉尘涡流区,即颗粒流Ⅱ,粉尘平均运移速度在 3.5 m/s 左右;在距工作面 15.0~25.0 m 区域内较大涡流作用下,处于转载机上方的颗粒流Ⅲ被卷吸入涡流场中,形成粉尘回流带,其粉尘约占总数量 30% 左右,速度较低,平均速度约 0.8 m/s 左右;转载机下方颗粒流Ⅳ受涡流影响较小,在风流作用下向工作面巷道末端扩散,平均速度约 1.7 m/s 左右。

④如图 4.8 所示,不同粒径粉尘的沉降行为主要发生在距迎头 0~8.0 m 和 25.0~35.0 m 范围内。在 0~8.0 m 范围内存在强大的湍流,粉尘在该区域内与巷道等发生大量碰撞黏结,在该区域内粒径对沉降行为的影响很小。在 25.0~35.0 m 的区域内由于涡流场的存在,粉尘的扩散速度逐渐降低,导致大量直径超过 40 μm 的粉尘颗粒发生沉降。如表 4.3 所示,在单压通风条件下,大颗粒粉尘更容易沉降,沉降率高达 84.5%,而呼吸性粉尘沉降率仅为 46.1%。

表 4.3 不同区域各粒级粉尘沿程沉降率

沿程沉降区域	粉尘粒径/μm								
	1	7.1	10	20	30	40	60	80	100
距迎头 0~8 m	37.2%	39.7%	36.5%	42.3%	44.1%	49.5%	48.4%	51.3%	50.8%
距迎头 25~35 m	4.1%	3.5%	6.5%	10.3%	13.2%	18.5%	22.5%	27.7%	31.6%
距迎头 0~40 m	45.6%	47.8%	46.1%	55.5%	62.9%	68.6%	72.2%	76.5%	84.5%

4.2 压抽混合通风下综掘面细观粉尘扩散污染规律

4.2.1 蒋庄煤矿 $3_下905$ 综掘面概况

蒋庄煤矿 $3_下905$ 运输巷综掘工作面为矩形断面,巷道宽 4.2 m、高 4.0 m,断面面积为 16.8 m²,主要用于满足 $3_下905$ 采煤工作面回采时通风、行人、运输、管线敷设的需求。$3_下905$ 运输巷位于 $3_下$ 煤层中,煤体硬度系数为 3。$3_下905$ 运输巷综掘工作面有毒有害气体产量极低,回风流中瓦斯与二氧化碳平均绝对涌出量分别为 0.02 m³/min、0.03 m³/min。

$3_下905$ 运输巷综掘工作面生产过程中,采用长压短抽局部通风除尘系统,安装 FBDNO6.02-2×15 kW 局部通风机,压风口出风量为 300 m³/min 左右,KCS-300 型除尘风机,吸风量 240 m³/min 左右,可满足生产需要,压、抽风筒均为抗静电阻燃风筒,直径 0.8 m,确保通风安全。

4.2.2 蒋庄煤矿 3下905 综掘面几何模型

根据蒋庄煤矿 3下905 综掘面现场实际建立几何模型,如图 4.12 所示,主要包括巷道、综掘机、压风筒、抽风筒、桥式转载机和皮带运输机。巷道的尺寸 $L \times W \times H$ 分别为 60.0 m×4.2 m×4.0 m。综掘机总长为 10.7 m,由机体、铲板、切割臂、切割头和行走履带组成。机身为 6.3 m×2.8 m×2.2 m 的长方体,行走履带位于掘进机底部。压风筒和抽风筒直径为 0.8 m,中心轴距地面 3.7 m。其中,压风口距离迎头 L_y 为 12.0 m,抽风口距离迎头 L_c 为 3.0 m,其末端连接除尘风机,假定风机所处的位置距迎头为 60.0 m,桥式转载机和皮带运输机与综掘机的后部相连。转载机尺寸为 14.0 m×0.9 m×0.4 m,皮带运输机尺寸为 34.0 m×1.2 m×0.5 m。图中,x 正方向表示由巷道底板中轴线至压风筒一侧壁面的方向,y 正方向表示由迎头至巷道末端的方向,z 正方向表示由底板至顶板的方向。

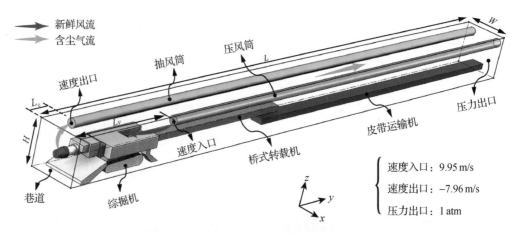

图 4.12 蒋庄煤矿 3下905 综掘面几何模型

结合蒋庄煤矿现场实际,风流场的基本边界条件如下:压风入口和抽风出口均使用速度参数控制空气流量,边界类型均为 Velocity Inlet,速度大小分别为 9.95 m/s、−7.96 m/s,为使巷道出口充分发展,选择边界类型为 Pressure Outlet[195-207],根据式(4.1)计算得到压风入口、抽风出口以及巷道出口的湍流强度经验值,并作为求解初始值。巷道及综掘机均选择无滑移壁面边界类型,由于临近壁面位置,法向速度存在非常大的梯度,采用壁面函数法模拟靠近壁面区域的流场变化,因此划分网格时需要严格控制第一层网格尺寸满足 $30 < y^+ < 300$[89,208]。巷道内压风量设置为 3下905 综掘工作面现用的 300 m³/min,抽风量设置为 240 m³/min。此外,做出以下假设:①流体(空气)不可压缩;②温度场恒定;③所有 Wall 都

是静止的。模拟中应用的模型及参数如表 4.4 所示。

$$I = \frac{u'}{u_{avg}} = 0.16 \times \left(\frac{u_{avg} d \rho_1}{\eta} \right)^{-\frac{1}{8}} \tag{4.1}$$

其中，I 为湍流强度，u' 为速度脉动的均方根，u_{avg} 为平均速度，d 为水力直径，ρ_1 为液体密度，η 为介质动力黏度系数。

表 4.4　主要模型及参数设置

类型	属性	数值	类型	属性	数值
求解类型	求解器	Pressure-Based	湍流模型	双方程模型	k-ε
	时间	Transient		Near-Wall Treatment	Standard Wall Function ($85 < y^+ < 245$)
进口边界条件	Velocity Inlet	9.95 m/s	出口边界类型	Velocity Outlet	−7.96 m/s
	湍流黏度	4.08%		湍流黏度	4.19%
	水力直径	0.8 m		水力直径	0.8 m
空气	密度	1.225	巷道出口	Pressure Outlet	1.1 atm
	黏度	1.79×10^{-5}	巷道及设备	Wall	No Slip
求解方法	Scheme	SIMPLE	计算时间	步内最大迭代数	60
	High Order Term Relaxation	ON		计算时间	180.0 s

4.2.3　网格独立性验证

综掘面几何模型采用混合网格区域式划分的方法，距迎头 10.0 m 区域因几何结构比较复杂，因此采用四面体网格，距迎头 10.0~60.0 m 巷道部分采用了六面体网格。利用 ICEM CFD 分别生成"密"(2 283 763 个)、"较密"(1 260 745 个)、"中等"(730 911 个)3 种不同网格密度的离散网格，其网格质量均保证在 0.3 以上。因在综掘面的不同区域不同位置的流场差异很大，因此选择 5.0 m、10.0 m、20.0 m、40.0 m 共 4 个代表性巷道断面，对比分析 3 种网格求解得到的沿 x 方向 2.0 m 水平高度的风流速度值。

图 4.13 分别为各个巷道断面的速度对比图，分析发现 3 种网格的风速变化趋势具有较强的一致性，"较密"网格与"密"网格在取样点的速度大小非常接近，而"中等"网格与上述两者相差较大，因此可认为"较密"网格已满足网格独立性要求，可保证风流场和粉尘场模拟的准确性，总体网格质量超过 0.3，其网格划分结果如图 4.14 所示。

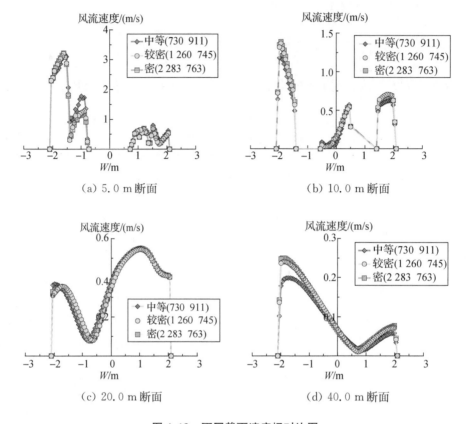

(a) 5.0 m 断面

(b) 10.0 m 断面

(c) 20.0 m 断面

(d) 40.0 m 断面

图 4.13　不同截面速度场对比图

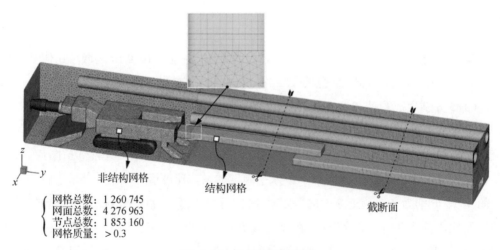

图 4.14　几何模型网格图

4.2.4 模型验证

为了保证风流场的模拟结果具有较高的准确性,模拟结果采用了现场实测对断面风速分布进行验证。由于综掘面实际生产中的各类设备处于运行状态,风速测点的布置数量具有一定局限性,本书选取了足以代表巷道中风流特点的 A,B,C 和 D 共 4 条水平线,如图 4.15 所示。使用电子风速计分别测定各水平线上距迎头 12.0 m、15.0 m、20.0 m、25.0 m、30.0 m、35.0 m、40.0 m、45.0 m、50.0 m、55.0 m 处的风速,测定三次取平均,再与模拟结果进行对比,如图 4.15 所示。

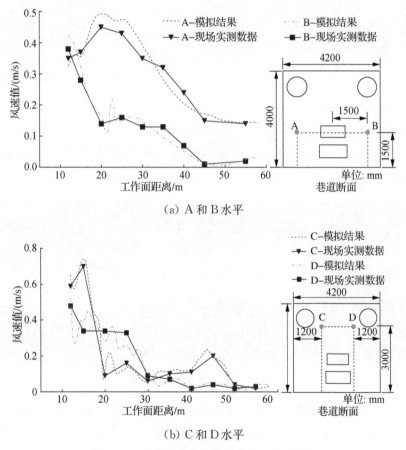

图 4.15 不同测点模拟结果和实测值对比图

4.2.5 风流-粉尘耦合场模拟

通过对单压通风方式的模拟分析发现,不同粒径的粉尘颗粒运动状态差别很大,考虑到综掘工作面测尘点测尘粒径范围为 $1.3 \sim 84.3\ \mu m$,中值粒径(D_{50})为 $7.8 \sim 12.54\ \mu m$,因此分别对粒径为 2.5 μm、7 μm、20 μm、40 μm、80 μm 这 5 组粉尘的扩散状态进行模拟仿真。模拟中每组粒径粉尘的生成数量均为 5 000 个,将每组颗粒填充在距离迎头 1.0 m 的空间区域内,颗粒生成方式为静态生成。假设在一个计算时间步长内,颗粒受到的力不变,即加速度不变。若时间步长选得过大,有可能发生计算失真甚至错误,若步长选得过小,又会增加计算机的计算量,在此设定时间步长为瑞利时间步长的 20%[148-153,208]。网格尺寸为颗粒的接触检索范围,其值关系着求解效率的高低,根据计算机内存配置一般选择最小颗粒半径的 2~3 倍[148-153],但由于所要模拟的粉尘颗粒粒径极小,在此依据不同组粒径粉尘的模拟,在 1 000~5 000 倍的最小粉尘半径区间内选取网格尺寸,取值原则为计算机所能分配的最大内存。

4.2.6 模型验证

为了验证风流-粉尘耦合模型的准确性,对蒋庄煤矿 3下905 综掘工作面压抽混合通风时的现场粉尘数据进行采集。其中,压风量为 300 m³/min,实测压风量 291 m³/min,抽风量为 240 m³/min,实测抽风量 237 m³/min,压风口距迎头距离 L_y 为 12.2 m,抽风口距迎头距离 L_c 为 3.1 m。根据巷道尺寸及现场生产布置情况,测尘点分别设置在 7 个断面($P_1 \sim P_7$)的压风筒和抽风筒下方,14 个测点高度均为 1.5 m,如图 4.16 所示。

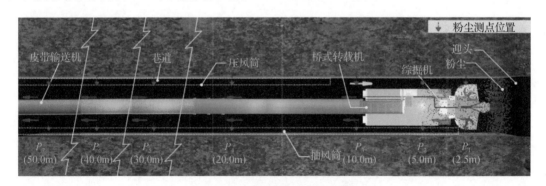

图 4.16 现场粉尘测点布置图

以距迎头 2.5 m 处两测点的粉尘作为迎头产生的原始粉尘,计算断面中两个测点的粉尘粒径平均分布情况,然后计算出各断面的粉尘通过率,该参数表示测点处空气里的悬浮粉尘量。图 4.17 为各粒径粉尘通过率的实测值与模拟值对比。

由图 4.17 可知,随着与迎头距离的增加,粉尘通过率实测值与模拟值的变化趋势基本一致,说明数值模拟结果可定性反映出粉尘的扩散规律。此外,粉尘通过率的现场实测值与模拟值之间的平均误差约 11.79%,考虑到综掘面作业环境复杂,影响粉尘产生及扩散的因素众多,可认为模拟误差在接受范围之内,风流-粉尘耦合场的模拟结果是准确的。

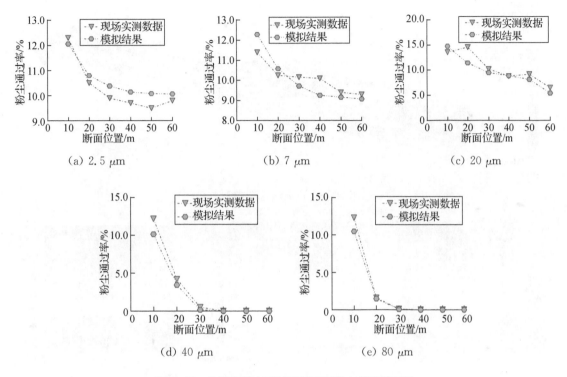

（a）2.5 μm   （b）7 μm   （c）20 μm

（d）40 μm   （e）80 μm

图 4.17　各粒径粉尘通过率的实测值与模拟值对比

4.2.7　模拟结果分析

综掘面中风流对粉尘运移的影响尤为重要,掌握风流场的运移规律,将有助于分析粉尘运移扩散特性。下面从综掘面的风流涡流场、风流流向及速度分布等方面进行深入探讨。

1）风流场运移数值模拟结果分析

由图 4.18 可知,综掘面的风流场主要受压风口射出的高动量空气影响,压风口射出的高动量空气向迎头方向运移,并形成高速射流场,压风口附近的低动量空气被卷吸入射流场中,获得向迎头方向运移的动量,随原先射出的空气一同往前流动。随着风流的沿程损失逐渐增加,射流场内的空气因动量减小、风速降低,从而在射流场内形成速度梯度。随着射流断面的逐渐扩大,受抽风口负压作用,部分风流获得横向传递动量被吸入抽风筒内,其余风流遇迎头面发生碰撞反弹,反弹后的部分风流被吸入抽风筒内排出,其余脱离负压作用的风流向巷道末端运移,与此同时受压风射流场卷吸作用,部分风流获得横向传递能量,又被卷吸入射流场中,从而在距工作面 0～15.0 m 区域内形成了一个横向涡流场。剩下约 20% 的空气沿着指向巷道尾部方向继续运移,随风流流动断面逐渐扩大,风速逐渐降低。

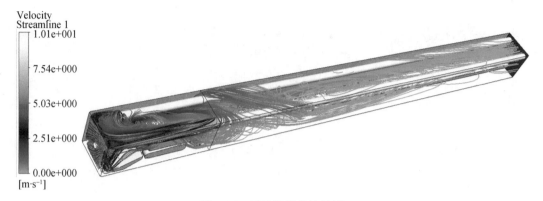

图 4.18　风流场运移流线图

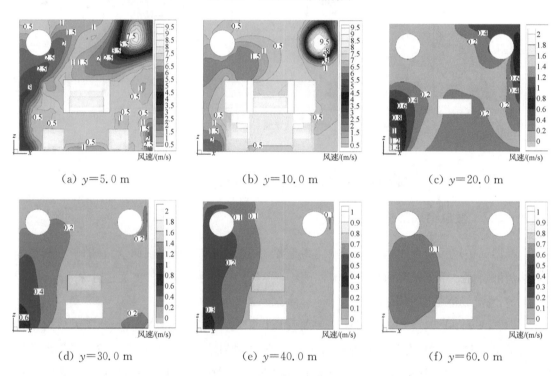

（a）$y=5.0$ m　　　　　（b）$y=10.0$ m　　　　　（c）$y=20.0$ m

（d）$y=30.0$ m　　　　　（e）$y=40.0$ m　　　　　（f）$y=60.0$ m

图 4.19　不同断面位置风流场的运移模拟结果

为进一步分析综掘面风流场沿 y 方向的风流分布情况,沿 y 正方向分别截取 5.0 m、10.0 m、20.0 m、30.0 m、40.0 m、60.0 m 共 6 个巷道断面观察速度分布情况。由图 4.19 可知,①在 $y=5.0$ m 断面内风速大小主要分布在 0.5~7.5 m/s 区间内,因压风射流场的存在,上顶板压风筒侧风速较大,并形成了由射流场中心指向断面中心的速度梯度;在抽风筒下方区域,因受负压作用较小且风流流动断面较小,在此区域形成了 2.0 m/s 以上的较高速度风流带。②在 $y=10.0$ m 断面内,抽风筒侧的高速风流带逐渐向周围扩散,形成了 1.0 m/s 以上的较高速度风流带。结合图 4.18 发现,受涡流场影响,压风筒下方存在回流现象,该区域风速在 0.5 m/s 以上。③在 $y=20.0$ m 断面内,靠近底板抽风筒区域和靠近顶板压风筒区域存在风流高速区,两个区域最大风速值分别在 1.4 m/s 和 0.6 m/s 以上,其余空间内风流速度较小。④在 $y=30.0$ m 断面,压风筒侧风流分布较为均匀,抽风筒底板区域的风流风速在 0.4 m/s 以上。⑤由 $y=40.0$ m 和 $y=60.0$ m 断面云图可知,随着风流流动断面的逐渐扩大,距迎头 40.0 m 后方的巷道内风流充分发展,风速稳定在 0.1～0.3 m/s 范围内。

2) 粉尘-风流耦合场运移数值模拟结果分析

综掘面压抽混合通风条件下 2.5 μm、7 μm、20 μm、40 μm、80 μm 粉尘沿程扩散污染情况如图 4.20 所示。根据粉尘在 60.0 m 巷道中的扩散特点,选取 11 个不同时刻进行分析。图例中的颜色分别表示风流速度和粉尘的粒径,结合体渲染方式及 30 条带状流线表征风流场的分布特点,同时对粉尘直径进行放大处理,以清晰地呈现出颗粒在巷道中的分布情况。

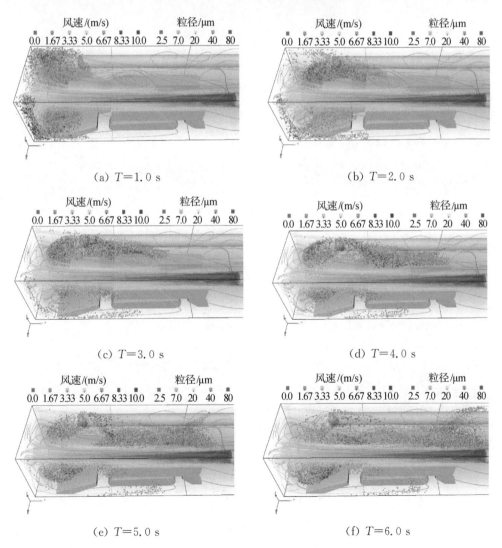

(a) $T=1.0$ s

(b) $T=2.0$ s

(c) $T=3.0$ s

(d) $T=4.0$ s

(e) $T=5.0$ s

(f) $T=6.0$ s

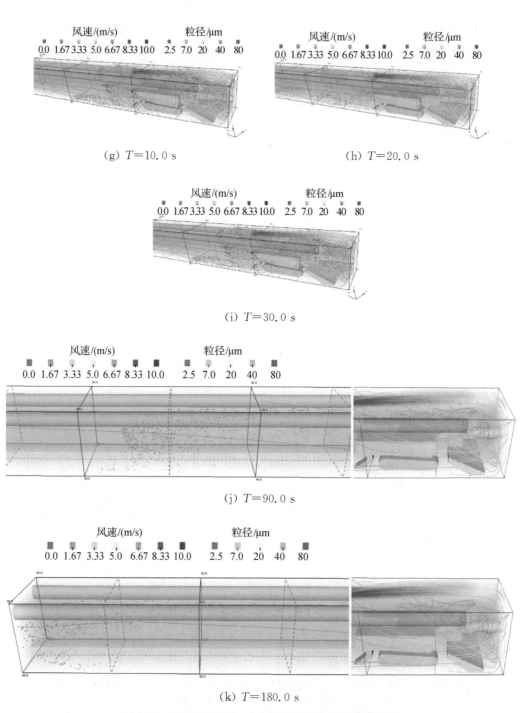

(g) $T=10.0$ s (h) $T=20.0$ s

(i) $T=30.0$ s

(j) $T=90.0$ s

(k) $T=180.0$ s

图4.20 不同时刻风流-粉尘耦合场运移数值模拟结果

（1）风流场曳力作用

由图 4.20 可知,粉尘颗粒在沿着巷道向后扩散的过程中,风流场对粉尘颗粒的曳力主要体现在以下几个方面:①受压风射流场作用,由迎头产生的粉尘迅速被高速风流冲释,分别涌向抽风筒侧和巷道底板区域;②抽风筒侧的粉尘受负压作用,部分粉尘被吸入压风筒内净化排出;③受综掘机上方涡流场作用,在 3.0 s 时刻部分粉尘被卷入涡流场内,90.0 s 内少量粉尘仍处于涡流场内做涡流运动;④粉尘在高速风流的携带作用下呈密集带状流动,相比小颗粒粉尘,大颗粒粉尘受重力作用显著,呈低水平带状流动;⑤继续向后扩散的粉尘,主要受抽风筒下方高速风流带的影响,获得了较大动量,沿着巷道底板向后快速运移;⑥风流曳力对较小粒径粉尘影响比较明显,大颗粒粉尘受重力作用显著,在距迎头 10.0 m 左右较大颗粒粉尘发生了大量的沉降行为。为比较不同粒径粉尘受风流曳力的影响程度,模拟了 5 种不同粒径单颗粒粉尘在流场中的运动情况,并与风流流线进行对比分析。单颗粒粉尘于坐标点(1 800, 500, 2 000)的位置生成,提取单颗粒粉尘在 10.0 s 时间内 x、y、z 坐标值,如图 4.21 所示。分析发现在 x、y、z 三个方向上,粒径越小的粉尘运动越接近流线,2.5 μm、7 μm 和 20 μm 粉尘颗粒与流线比较接近,表明曳力在小于 20 μm 粒径的粉尘中占主导作用,40~80 μm 粒径范围的粉尘受重力影响较大。

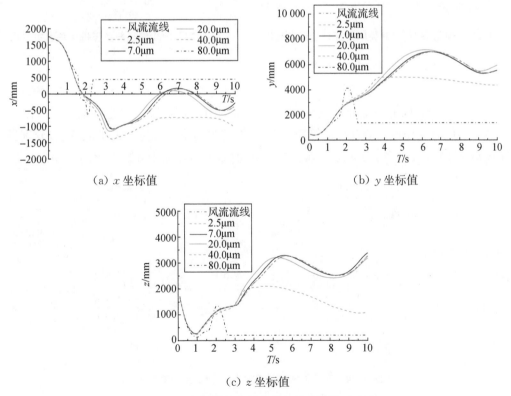

（a）x 坐标值　　　　　　　（b）y 坐标值

（c）z 坐标值

图 4.21　单颗粒粉尘的迹线与风流流线对比图

（2）负压排尘量

在压抽混合通风条件下，部分粉尘颗粒因抽风筒负压作用，被吸入抽风筒净化排出。通过 EDEM 的 Analyst 模块，提取开始时刻至迎头无粉尘时间内的排尘情况，如图 4.22 所示。分析发现 2.5 μm、7 μm、20 μm 粉尘颗粒随时间的排尘率变化曲线较为相近，20.0 s 左右时间内排尘率近似线性增长；随着大量粉尘向巷道后方运移，在迎头附近残留的粉尘主要在涡流场作用下做涡流运动，该部分粉尘在 20.0～200.0 s 时间内逐渐被排出净化，排尘率缓慢增加，在 200.0 s 左右，2.5 μm、7 μm、20 μm 粉尘颗粒的排尘率分别稳定在 63.4%，60.5%，55.5%。而 40 μm 和 80 μm 粉尘颗粒的排尘率同样存在近似线性增长阶段，持续时间分别为 15.0 s 和 10.0 s 左右，排尘率分别在 60.0 s 和 20.0 s 后趋于稳定。运用函数拟合得到粉尘粒径 D 和排尘率 P 近似线性递减关系，其函数表达式为 $P=-0.575\ 6D+65.49$，如图 4.23所示。

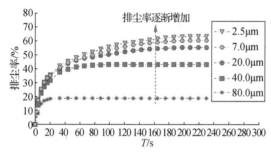

图 4.22　不同时刻粉尘颗粒的负压排尘量曲线图　　图 4.23　粉尘粒径与负压排尘总量关系图

（3）粉尘扩散污染时空分布规律分析

分析气载粉尘在时间和空间上的分布特点，对于研究粉尘扩散污染机制至关重要，下面针对 x,y,z 三个方向的粉尘分布，分析巷道中不同时刻不同区域的粉尘运动特点。沿 x 方向将巷道空间分为压风筒侧和抽风筒侧两个区域，根据粉尘在巷道中的扩散特点，分别提取两个区域在 10.0 s、50.0 s、100.0 s、200.0 s 四个时刻的悬浮粉尘数量占比，如图 4.24 所示。

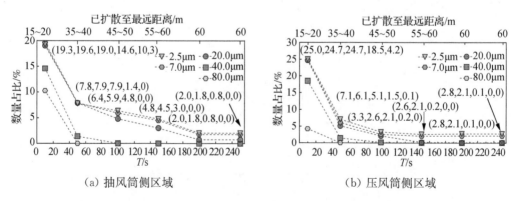

（a）抽风筒侧区域　　　　　　　　　（b）压风筒侧区域

图 4.24　在不同时刻巷道两侧的粉尘数量对比图

由此得到以下结论：①随着沉降行为的增多和负压排尘量的增加，对于不同粒径粉尘在巷道两侧的数量逐渐降低至一个较小的稳定值，压风筒侧粉尘数量较抽风筒侧更快趋于稳定；②由于负压作用，10.0 s 时刻压风筒侧小粒径粉尘数量明显高于抽风筒侧，粉尘扩散至最远距离 15.0～20.0 m 处，但 80 μm 粉尘颗粒则相反；在 50.0～150.0 s 时间内，粉尘由 35.0 m 扩散至 60.0 m，各粒径粉尘数量在抽风筒侧普遍高于压风筒侧；在 250.0 s 时刻，小粒径粉尘在压风筒侧的最终稳定值略高于抽风筒侧；③在 60.0 m 巷道内，大于 40 μm 的粉尘颗粒在 50.0 s 的时间内基本沉降，20 μm 粉尘颗粒残余量占 0.7%。

为了分析粉尘沿巷道 y 方向的扩散污染情况，沿 y 方向每 10.0 m 间隔安设一个测流量断面，在 0～60.0 m 范围内共设置 6 个，利用 EDEM 后处理模块分别提取不同时刻通过测流量断面的粉尘数量占比，如图 4.25 所示。分析发现：①在扩散过程中 2.5 μm 和 7 μm 粉尘颗粒的通过率分别在 10.06%～12.06% 和 9.08%～12.28% 范围内，表明 2.5～7 μm 粉尘颗粒的通过率比较稳定，在 60.0 m 巷道中发生的沉降行为较少，自迎头 10.0 m 后，2.5～7 μm 粉尘中 85.8%～93.1% 仍悬浮在空气中；②自迎头 10.0 m 后，有数量超过 33.5% 的 20 μm 粉尘颗粒在 50.0～60.0 m 区域内发生了沉降，表明在距迎头超过 60.0 m 后将开始发生较多沉降，有理由预测大于 20 μm 粒径的粉尘对距迎头大于 60.0 m 的巷道空间污染较少；③对于 40 μm 和 80 μm 粉尘颗粒在距迎头 30.0 m 区域内发生了大量沉降行为，表明 40～80 μm 粒径的粉尘对距迎头大于 30.0 m 的巷道空间污染极少。

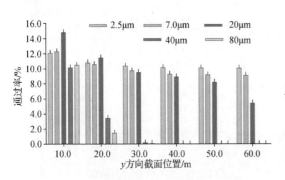

图 4.25 不同断面的粉尘通过率柱状图

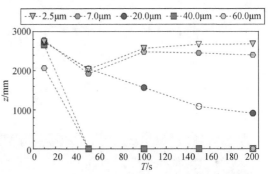

图 4.26 不同时刻各粒径的平均 z 值变化曲线图

为分析在 z 方向上不同粒径的粉尘颗粒分布特点，对不同时刻悬浮粉尘的 z 值取平均，选取扩散过程中的 10.0 s、50.0 s、100.0 s、150.0 s、200.0 s 共 5 个时刻分析粉尘分布特点，如图 4.26 所示。分析发现：①在 50.0 s 时刻，粉尘颗粒的平均 z 值均较小，主要受抽风筒侧较低水平高度的高速风流区的影响；②2.5 μm 和 7 μm 粉尘颗粒在 100.0～200.0 s 风流稳定情况下，平均 z 值无明显减小倾向，该部分粉尘的平均 z 值大小分别为 2.4 m 和 2.6 m，表明 2.5～7 μm 范围的粉尘将长时间悬浮在空气中污染后方巷道；③在整个扩散过程中，

20 μm 粉尘颗粒受 z 方向重力的作用不容忽视,在重力作用下平均 z 值近似线性减小,20 μm 粉尘颗粒的平均 z 值大小为 0.8 m 左右,可推断 20 μm 粉尘颗粒将在 60.0 m 后开始快速沉降;④40 μm 和 80 μm 粉尘的平均 z 值分别由 2.7 m 和 2.1 m 降低至 0 左右,再次表明 40~80 μm 粒径的粉尘对距迎头大于 30.0 m 的巷道空间污染极少。

(4) 沿程沉降率

粉尘的沿程沉降率主要受风流场曳力和自身重力叠加作用,为研究粉尘沿程沉降情况,沿 y 轴方向将巷道空间分成 0~10.0 m、10.0~20.0 m、20.0~30.0 m、30.0~40.0 m、40.0~50.0 m、50.0~60.0 m 共 6 个区域,图 4.27~4.28 为粉尘沿程沉降对比。

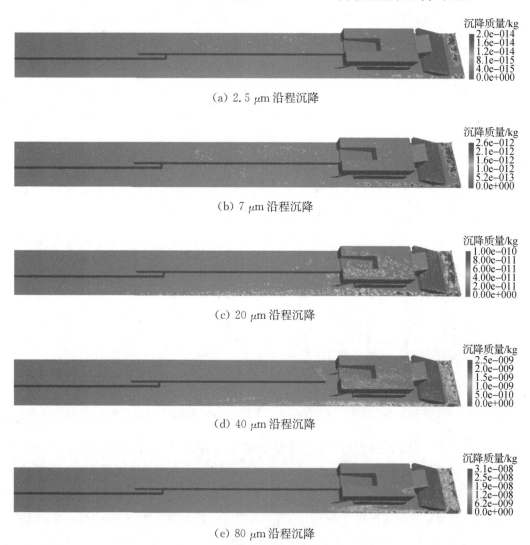

(a) 2.5 μm 沿程沉降

(b) 7 μm 沿程沉降

(c) 20 μm 沿程沉降

(d) 40 μm 沿程沉降

(e) 80 μm 沿程沉降

图 4.27　各粒径粉尘沿程沉降云图(截取 40.0m)

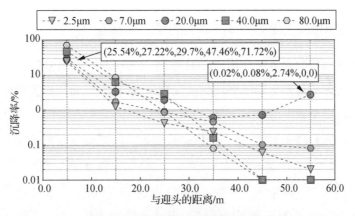

图 4.28 粉尘沿程沉降率对比图

分析发现：①在 2.5～80 μm 的粒径范围内，粉尘粒径越大，在巷道中发生的沉降数量越多；②距迎头前 10.0 m 区域为粉尘主要沉降区域，沉降率高达 71.72%。随着扩散距离的增加，各粒径粉尘的沉降率逐渐减弱，粉尘平均沉降率由 40.13% 降至 0.57%；③20 μm 粉尘随着扩散距离的增加，沉降率呈现先减后增的趋势；④各粒径粉尘沉降区域主要集中在抽风筒侧，7 μm 和 20 μm 粉尘沉降区域较大，其余粒径粉尘主要集中在迎头区域。

4.3 风幕发生器作用下综掘面细观粉尘扩散污染规律

在综掘面压抽混合通风除尘方式中，由于压风筒射出高速风流经迎头碰撞反弹后产生的沿抽风筒侧巷道壁向后运移的较高速度风流，以及迎头前方的横向涡流场影响，导致了高浓度粉尘难以被控制在迎头区域内。本书所提出的新型风幕发生器可将压风筒内直吹迎头的轴向风流部分转为吹向巷道周壁的径向风流，受附壁效应等影响，在巷道内可形成多个径向涡流，相比传统康达风筒形成的单向涡流风幕，可更好地覆盖风流场，避免风幕死角的出现；受迎头抽风负压作用，多个径向涡流不断地向迎头轴向运移，由此便可形成一股具有较高动能的螺旋状气流，从而在掘进机司机前方形成可阻挡粉尘向外扩散的风幕，而后在抽风负压作用下粉尘被吸入抽风筒中净化排出[203-206]，由此可有效改善矿工作业环境质量。图 4.29 为综掘面阻尘风幕形成机理示意图。

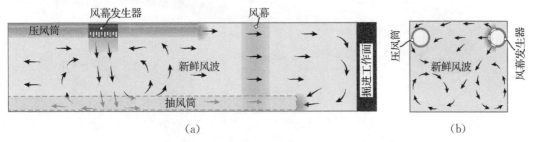

图 4.29 综掘面阻尘风幕形成机理示意图

4.3.1 增设风幕发生器后的 3下905 综掘面几何模型

为了分析新型风幕发生器的作用机理及不同压风径轴比的阻尘效果,在单一压抽混合通风模型基础上增加风幕发生器模型,综掘巷道尺寸参数与前面所提及的模型参数相同,增设的风幕发生器由风幕发生器控制开关、出风条隙、阻风门和阻风阀组成,风幕发生器控制开关主要调控风幕的开启和关闭,通过阻风阀控制阻风门以改变压风径轴分风量,出风条隙分为 5 组,条隙宽度及条隙间宽度均为 0.05 m,风幕发生器直径 0.8 m,长度为 1.75 m,与迎头距离为 20.0 m,距地面高度 3.3 m。新型风幕发生器安装后的物理模型如图 4.30 所示,x 正方向表示由巷道中轴线指向压风筒一侧,y 正方向表示由迎头指向巷道末端,z 正方向表示由巷道底板指向巷道顶板。(表 4.5)

表 4.5 3下905 运输巷几何模型参数

名称	参数	名称	参数
巷道的长宽高	60 m×4.2 m×4.0 m	抽风筒与迎头距离	0.3 m
综掘机轮廓长宽高	10.7 m×3.1 m×2.1 m	抽风筒中轴线距地面高度	3.3 m
转载机长宽高	14.2 m×0.9 m×0.4 m	压风筒直径	0.8 m
转载机与地面距离	0.7 m	压风筒与迎头距离	12.0 m
转载机与迎头距离	10.7 m	压风筒中轴线距地面高度	3.3 m
胶带输送机长宽高	34.3 m×1.2 m×0.5 m	风幕发生器直径	0.8 m
胶带输送机与地面距离	0.3 m	风幕发生器长度	1.75 m
胶带输送机与迎头距离	25.0 m	风幕发生器与迎头距离	20.0 m
抽风筒直径	0.8 m	风幕发生器中轴线距地面高度	3.3 m

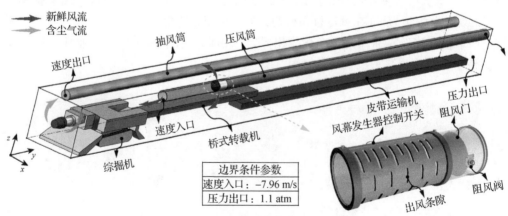

图 4.30 增设风幕发生器的几何模型

4.3.2　边界条件设置

针对安装风幕发生器后综掘面几何模型设置边界条件,安装新型风幕发生器后,压风入口、抽风出口及巷道末端的边界定义与 4.2.2 节中设置相同,除此之外因风幕发生器将压风筒内的轴向风流分成了径向和轴向风流两部分,因此将压风筒末端面定义为正值入口的 Velocity_Inlet 边界类型,同时分配压风筒末端面的径向出风与压风筒前端面的轴向出风不同风量,风量比分为 1∶9 到 9∶1 共 9 种情况,并分别建立对应的边界条件。根据 3下905 运输巷综掘工作面实际工况,压风机总风量为 300 m³/min 左右,抽风机总风量设置为 240 m³/min 左右,如表 4.6 所示。利用 FLUENT 软件定义风流场求解模型及边界条件,并做出以下假设:①流体(空气)不可压缩;②温度场恒定;③所有 Wall 都是静止的。

表 4.6　数值模拟主要参数

类型	属性	数值	类型	属性	数值
求解类型	求解器	Pressure-Based	湍流模型	双方程模型	k-ε
	时间	Transient		Near-Wall Treatment	Standard Wall Function
空气	密度	1.225 kg/m³	巷道出口	Pressure Outlet	1.1 atm
	黏度	1.79×10^{-5}	巷道及设备	Wall	No Slip
求解方法	High Order Term Relaxation	ON	计算时间	Scheme	SIMPLE
				Max Iterations Step	60
轴向出风	Velocity Inlet	8.96～1.00	径向出风	Velocity Inlet	1.00～8.96
	湍流强度	3.19%～4.20%		湍流强度	3.19%～4.20%
	水力直径	0.8 m		水力直径	0.8 m
接触模型	颗粒与颗粒	HerzMindin(no slip)	粉尘物理特性	颗粒密度	1 400 kg/m³
	颗粒与 Wall	HerzMindin(no slip)		粒径分布	Rosin-Rammler

粉尘颗粒的运动模拟借助 EDEM 软件集成的离散元求解模型,选定迎头前方 1.0 m 区域为截割粉尘生成区,并以每分 3×10^5 个的速度生成粉尘颗粒,粉尘速度设置为 0 m/s,由于阻尘风幕的形成效果更依赖于综掘面粉尘分散度,因此与之前两节粉尘粒径设置有所区别,粉尘粒径遵从 Rosin-Rammler 函数分布,粉尘粒径分布范围为 0.85～84.3 μm,中位径为 12.1 μm,分布指数为 1.93,最后将 C++编写的耦合作用模型加载到 EDEM 软件中进行求解计算[147-154],粉尘场求解模型与前节相似,主要参数如表 4.6 所示。

4.3.3 网格独立性验证

网格划分是数值计算前至关重要的一个前处理步骤,它直接影响着后续数值计算结果的精确性和效率[208-217]。一般情况下,在三维问题中有四面体、六面体、棱锥体、楔形体和其他多面体等单元网格,其中以网格效率高、网格质量好的六面体结构化网格为首选,但因综掘机和风幕发生器结构的不规则性,导致整体划分六面体网格的工程量较大,而巷道后部区域模型结构简单易于划分,因此该模型选择混合网格划分策略[210-217]。距迎头 25.0 m 区域内选用四面体网格划分方式,其中综掘机及风幕发生器复杂部分进行局部网格加密,距迎头超过 25.0 m 区域采用六面体网格划分方式。

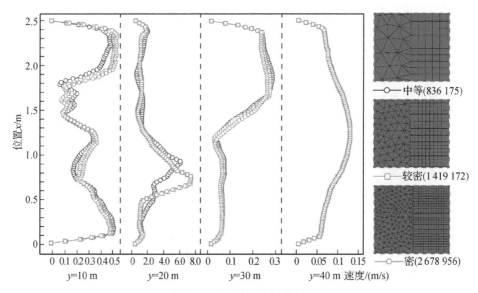

图 4.31　网格独立性验证

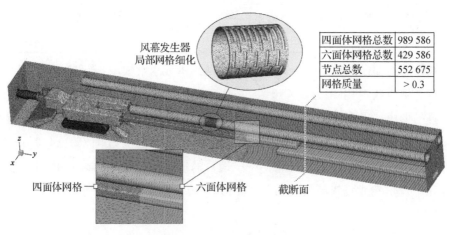

四面体网格总数	989 586
六面体网格总数	429 586
节点总数	552 675
网格质量	> 0.3

图 4.32　几何模型网格图

此外,网格数量的多少将影响计算结果的精度和计算规模的大小。一般来讲,网格数量增加,计算精度会有所提高,但同时计算规模也会增大,需要同时权衡两个因素综合考虑,因此本书对网格进行独立性验证,分别生成数量不同的三种网格:"密","较密"和"中等"。分别取距离迎头 10.0 m、20.0 m、30.0 m、40.0 m 四个巷道截面 $x=2.2$ m 处的风流速度值进行比较,如图 4.31 所示。

分析发现三种网格求解得到的风流场变化趋势基本一致,但 10.0 m 和 20.0 m 断面处三种网格的速度差异较大,其中"较密"和"密"网格的风速值比较接近,由此可认为"较密"网格已经满足网格独立性要求,在保证较低的风流场计算误差的同时,又能缩短模拟周期,其网格划分最终结果如图 4.32 所示。

4.3.4 模型验证

由于模拟中粉尘粒径的分布与前一节存在区别,为了验证搭建的 CFD-DEM 耦合模型及边界条件的准确性,对蒋庄煤矿 $3_\text{F}905$ 综掘面进行了风流场和粉尘场的现场测定,额定压风量为 300 m³/min,实测压风量 293 m³/min,额定抽风量为 240 m³/min,实测抽风量 238 m³/min,压风口距迎头距离约为 12.0 m,抽风口距迎头距离约为 3.0 m。

根据巷道尺寸及现场生产布置情况,测风断面和测尘断面分别选取距迎头 5.0 m、10.0 m、15.0 m、20.0 m、25.0 m、30.0 m、35.0 m、40.0 m 共 8 个,每个断面测风点布置 6 个,测尘点布置 2 个,如图 4.33 所示,图中 $C_1 \sim C_6$ 为测风点,$D_1 \sim D_2$ 为测尘点,x 正方向表示由巷道中轴线指向压风筒一侧,z 正方向表示由巷道底板指向巷道顶板。根据图 4.33 测风点的布置情况,利用 TSI8455 风速传感器对各测点的风速值进行测定,同时采用自制旗帜型风向观测器对综掘面不同测点的风向进行记录,各测点的风速数据对比如表 4.7 所示。根据图 4.33 测尘点的布置情况,并取同一断面两个测点的粉尘浓度平均值,以距迎头 5.0 m 断面的粉尘浓度为源粉尘浓度,计算得到各断面通过的粉尘总质量所占源粉尘总质量的百分比,即各断面粉尘通过率。现场测定数据与数值模拟结果对比如图 4.34 所示。

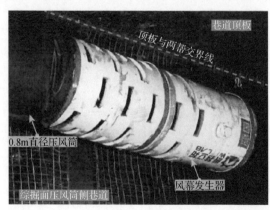
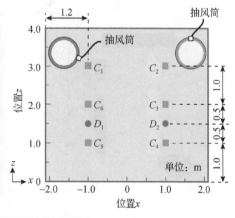

图 4.33　风幕发生器及断面测点的布置图

表 4.7　风流场模拟结果与现场实测数据的对比

测点位置	风速	断面距工作面距离/m							
		5	10	15	20	25	30	35	40
C_1	实测值/(m/s)	⊕2.52	⊕1.64	→0.27	↑0.04	⊕0.17	⊕0.28	⊕0.25	⊕0.18
	数值模拟值/(m/s)	⊕2.43	⊕1.67	→0.29	↑0.04	⊕0.16	⊕0.27	⊕0.24	⊕0.20
	相对误差/%	3.57	1.83	7.41	0.00	5.88	3.57	4.00	11.11
C_2	实测值/(m/s)	⊙3.84	⊙0.55	↓0.37	⊕0.26	⊕0.11	↓0.05	→0.04	→0.02
	数值模拟值/(m/s)	⊙3.34	⊙0.53	↓0.33	⊕0.24	⊕0.10	↓0.05	→0.04	→0.02
	相对误差/%	13.02	3.64	10.81	7.69	9.09	0.00	0.00	0.00
C_3	实测值/(m/s)	↑0.09	⊙0.1	⊙0.32	⊙0.13	⊙0.05	⊙0.08	⊙0.05	⊙0.02
	数值模拟值/(m/s)	↑0.10	⊙0.11	⊙0.36	⊙0.14	⊙0.05	⊙0.07	⊙0.05	⊙0.02
	相对误差/%	11.11	10.00	12.50	7.69	0.00	12.50	0.00	0.00
C_4	实测值/(m/s)	⊙0.97	⊙0.67	⊙0.43	⊙0.24	⊙0.18	⊙0.14	⊙0.09	⊙0.04
	数值模拟值/(m/s)	⊙0.89	⊙0.66	⊙0.44	⊙0.25	⊙0.17	⊙0.14	⊙0.08	⊙0.04
	相对误差/%	8.25	1.49	2.33	4.17	5.56	0.00	11.11	0.00
C_5	实测值/(m/s)	←0.29	←0.26	⊙0.25	⊕0.21	⊕0.28	⊕0.23	⊕0.17	⊕0.13
	数值模拟值/(m/s)	←0.29	←0.26	⊙0.25	⊕0.21	⊕0.28	⊕0.23	⊕0.17	⊕0.13
	相对误差/%	0.27	0.24	0.27	0.19	0.24	0.25	0.16	0.14
C_6	实测值/(m/s)	⊕0.32	⊕0.22	⊙0.13	⊕0.16	⊕0.26	⊕0.27	⊕0.22	⊕0.17
	数值模拟值/(m/s)	⊕0.35	⊕0.24	⊙0.12	⊕0.14	⊕0.28	⊕0.31	⊕0.23	⊕0.18
	相对误差/%	9.37	9.09	7.69	12.50	7.69	14.81	4.55	5.88

表中,⊙表示指向迎头方向,⊕表示指向巷道末端方向,→表示指向压风筒侧方向,←表示指向抽风筒侧方向。↑表示指向风筒顶板方向,↓表示指向风筒底板方向。

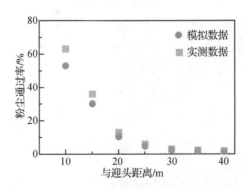

图 4.34　粉尘场模拟结果与现场实测数据对比

由表 4.7 可知,风流场模拟结果与现场记录的风流方向基本趋于一致,表明 CFD 模拟方法对于风流方向的模拟基本准确,但由于工作面现场干扰风速大小的因素众多,现场测定风速与数值模拟风速值之间难免存在一定的误差,分析发现相对误差范围为 0～14.81%,而一般认为数值模拟相对误差小于 15% 是可接受的,因此可认为所得到风流场数值模拟结果是准确的。由图 4.34 可知,随着与迎头距离的增加,各断面粉尘通过率模拟结果与实测数据均呈逐渐减小趋势,现场实测结果较模拟结果整体大一些。分析发现各断面粉尘通过率与实测数据之间的相对误差在 0～17.82% 范围内,由于粉尘受现场截割作业的影响很大,可认为所产生的相对误差在合理的范围内,表明 CFD-DEM 耦合方法得到的风流-粉尘耦合扩散模拟结果基本是准确的。

4.3.5 模拟结果分析

为了更好地分析综掘面控尘风幕的形成机理,并对影响控尘风幕形成的主要参数压风径轴比做进一步研究,本书对不同压风径轴比条件下的风流场、粉尘场、负压抽尘量及粉尘沉降—黏结情况进行了对比分析。

1) 风流场运移结果

风幕发生器的压风径轴比 P_{RQ} 是影响风幕形成的关键因素,本书模拟了 9 组径向与轴向风速不同的风流运移情况,与单一压抽混合通风的风流场对比,分析阻尘风幕形成机理,同时对不同压风径轴比形成的风流场特点进行分析,以指导现场将风幕发生器调控到最佳阻尘效果。

图 4.35 为不同压风径轴比条件下 $z=3.0$ m 断面风流运移矢量图,其中将一部分具有代表性的流场进行了局部放大,如图 4.35(G_1～G_4)所示。其中矢量箭头表示风流的流向,箭头颜色表示风速大小,单位为 m/s。分析发现当压风径轴比较小时,迎头区域依然存在与单一压抽混合通风时相似的横向涡流场,如图 4.35(G_1)所示。随着压风径轴比逐渐增加,由压风射流形成的射流场强度逐渐减弱,横向涡流强度逐渐降低,同时随着风幕发生器吹向迎头的风流逐渐增多,导致横向涡流影响范围逐渐缩小。当 $P_{RQ}>7:3$ 时,径向出风后流向迎头的空气总动量大于由迎头向后运移的空气总动量,此时涡流现象基本消失,见图 4.35(g)。压风径轴比越大,风流一致指向迎头的倾向性越高,如图 4.35(G_2～G_4)所示。当 $P_{RQ}>9:1$ 时,综掘机上方区域的风流方向逐渐由紊乱变为一致指向迎头方向运移,并在距离迎头 10.0 m 处形成了一致指向迎头的风流场。

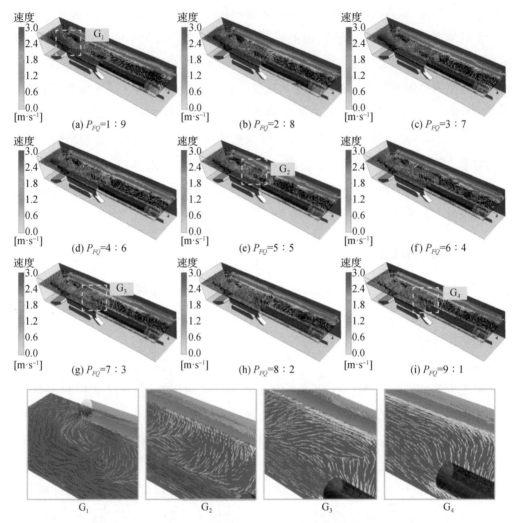

图 4.35　不同压风径轴比条件下 $z=3.0$ m 断面风流运移矢量图

　　为了更进一步掌握综掘面阻尘风幕的形成机理,本书选取风幕形成效果最佳时($P_{FQ}=$ 9:1)的不同断面风流矢量图进行分析,如图 4.36 所示。其中矢量箭头表示风流流向,箭头颜色表示风速大小,单位为 m/s。分析发现经出风条隙射出的径向风流,产生多束高速风流并形成了吹向对面巷道壁的高速射流场。由 $y=20.0$ m 巷道断面风流矢量图可知,高速射流场内的风流与转载机、抽风筒及巷道壁面发生强烈碰撞,导致巷道局部区域出现了数个小涡流,风流流向较为紊乱,充满整个巷道断面。结合图 4.35(i)可知,由于高速射流区周围空气动量较低,即刻被卷吸入高速射流场中,并在射流场两侧形成了较为对称的一对涡流。由 $y=15.0$ m 巷道断面风流矢量图可知,受高速射流场的卷吸作用,风幕发生器前方空气产生了向后运移的较大动量,但随着与迎头距离的增加,高速射流场的卷吸作用逐渐减弱,同时压风口形成的低速射流场卷吸周围空气并产生指向迎头的动量。因综掘机占据了空间,缩小了风流流动断面,靠近底板指向迎头的高速风流迅速流向巷道上方空间,因此在距离迎头 10.0 m 左右形成了一致指向迎头方向的风流,风流流速在 0.5~1.0 m/s 范围内。一致指向迎头的风流遇迎头碰撞反弹,在综掘机下方形成了小范围指向巷道后方的风流,但未能影响一致指向迎头的风流整体流向。由此可知,风幕发生器产生的风流既能满足一致指向迎头的风流要求,同时又保证在 $y=7.0$ m 左右的综掘机司机处留有风速值达 0.5~1.0 m/s 的新鲜风流。

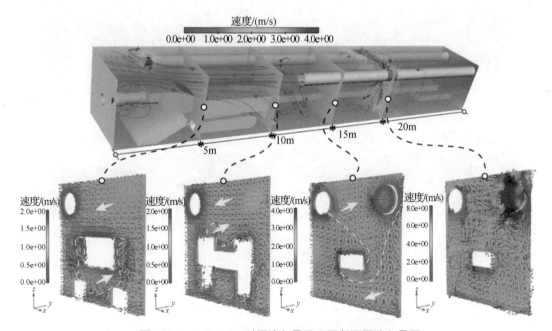

图 4.36 $P_{FQ}=9:1$ 时风流矢量及不同断面风流矢量图

2) 开启风幕发生器后粉尘扩散结果

通过 CFD-DEM 耦合模型计算得到不同压风径轴比的粉尘场扩散情况,为了更好地观察风幕在高浓度粉尘向后扩散过程中起到的阻尘作用,本书选取了恰好形成风幕的压风径轴比 $P_{FQ}=5:5$ 时的粉尘场进行分析,并同样选取了 $T=1.0$ s、3.0 s、5.0 s、10.0 s、20.0 s、30.0 s、40.0 s、80.0 s 共 8 个时刻进行对比分析。图 4.37 为综掘面开启风幕发生器后 $P_{FQ}=5:5$ 时风流粉尘的扩散时刻图,图中粉尘颗粒被统一放大至合适值,颜色代表颗粒体积大小,单位为 m³。同时抽取 15 条能够代表风流流向的流线,颜色表示风速的大小,单位为 m/s。

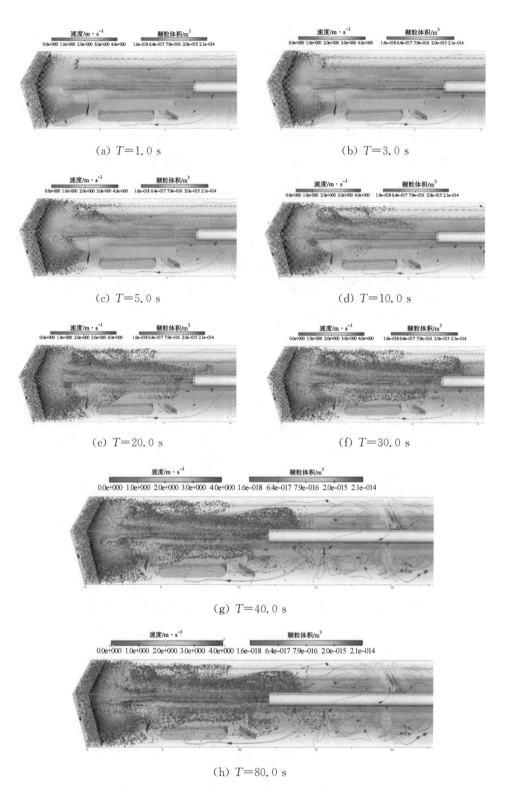

(a) T=1.0 s

(b) T=3.0 s

(c) T=5.0 s

(d) T=10.0 s

(e) T=20.0 s

(f) T=30.0 s

(g) T=40.0 s

(h) T=80.0 s

图 4.37 不同时刻风流-粉尘耦合场运移数值模拟结果

由图 4.37 可知,大量粉尘颗粒在距离迎头 1.0 m 区域内生成后,$T=3.0$ s 时刻,先被靠近顶板压风筒侧的高速压风射流吹散到巷道底板和抽风筒侧,并同样与巷道及综掘机发生了大量的碰撞。吹向抽风筒侧靠近顶板的一部分粉尘颗粒被吸入除尘风机净化排出,由于压风射流场相对减弱,粉尘颗粒分别从抽风筒侧近壁面和综掘机上方空间同时向巷道后方扩散,但相比单一压抽混合通风,由迎头向后方运移的风流动量较小,并受到风幕发生器产生的向前运移风流的阻碍作用,导致粉尘扩散速度降低了将近 50%,例如 $T=40.0$ s 时粉尘由扩散至距离迎头 30.0 m 左右变为 15.0 m 左右。由图 4.37(d)~(h)可知,当粉尘运移至距离迎头 15.0 m 处时基本不再向后扩散,此时风幕发生器形成的风幕起到一定阻尘作用,由此可认为风幕发生器形成的指向迎头风流可形成一道不可见风幕,并有效抑制高浓度粉尘继续沿巷道轴向扩散。

3) 不同压风径轴比影响下风幕形成距离对比

风幕发生器能够在距迎头一定距离形成不可见的阻尘风幕,为了利用风幕抑制粉尘向有人作业区域扩散,通常要求风幕可将粉尘控制在综掘机司机处,即距迎头 7.0 m 区域内,下面对不同压风径轴比形成的风幕效果进行分析。

为了分析综掘面粉尘场基本稳定后的分布情况,本书选取了扩散 120.0 s 后粉尘场模拟结果进行分析,图 4.38 为单一压抽混合通风及风幕开启后不同压风径轴比条件下粉尘场的等高线云图。图中颜色表示粉尘数量值,部分等高线值已在图中标出。由图 4.38 可知,单一压抽混合通风条件下粉尘扩散距离超 25.0 m,风幕发生器开启后,随着压风径轴比逐渐增加,径向压风量逐渐增大,在 $P_{FQ}=2:8$ 时,粉尘被阻挡在 $y=20.0$ m 处,但阻尘效果不佳。在 $P_{FQ}=3:7$ 时,$y=17.0$ m 处聚集较多粉尘,超过 17.0 m 后空气中粉尘浓度极低,由此可推测 $y=17.0$ m 处形成了阻尘风幕,且阻尘效果较好。随着压风径轴比逐渐增加,风幕距迎头距离 d 整体呈逐渐减小趋势,阻尘效果均较好,在风幕形成位置的后方粉尘浓度极低。当 $P_{FQ}=8:2$ 和 $P_{FQ}=9:1$ 时,风幕形成距离 d 分别为 6.0 m 和 3.5 m 左右,达到了综掘面作业环境的要求。

由于压风径轴比 P_{FQ} 接近 0 时,20.0 m 巷道内几乎难以形成有效控尘风幕,因此推断风幕形成距离 d 和压风径轴比 P_{FQ} 之间为对数函数关系,利用曲线拟合得到风幕形成距离 d 和压风径轴比(比值)P_{FQ} 之间的函数关系为 $d=31.278\,\mathrm{e}^{-0.243P_{FQ}}$,其拟合决定系数 $R^2=0.936\,4$,如图 4.39 所示。由此计算得到当 $P_{FQ}>3.497$ 时,风幕形成距离 $d\geqslant7.0$ m,即达到综掘面作业环境要求。

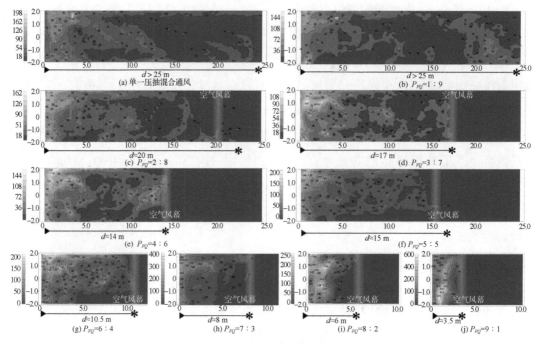

图 4.38　不同通风条件下粉尘浓度等高线云图

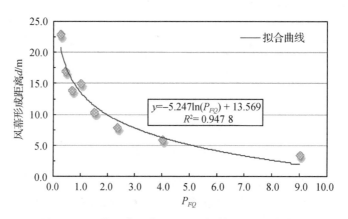

图 4.39　风幕形成距离 d 和压风径轴比 P_{FQ} 拟合曲线

4) 负压抽尘量

综掘面迎头区域的粉尘浓度主要受抽风筒负压抽尘量影响,为了探究不同压风径轴比形成的风流场对负压抽尘量的影响规律,本书以 1.0 s 时间长度抽取 120.0 s 扩散时间内的 120 个取样点,并计算得到平均负压抽尘量,单位为 Counts/s,图 4.40 为不同压风径轴比产生的负压抽尘量柱状图,其中,圆圈表示各取样点的抽尘量。由此可知,当 $P_{FQ}<5:5$ 时,风幕形成距离 d 较大,粉尘扩散范围较大,抽风口附近的粉尘浓度未发生很大的变化,负压抽

尘量未受显著影响。而当 $P_{FQ}>5:5$ 时,随着风幕形成距离 d 逐渐减小,粉尘扩散范围逐渐控制在迎头区域内,负压抽风口附近粉尘浓度有所增加,负压抽尘量显著提高,可见当风幕形成距离 $d<15.0\,\text{m}$ 时,既能达到良好的阻尘效果,也能提高抽风筒的负压抽尘能力,保证井下的安全高效生产。当 $P_{FQ}=8:2$ 时,负压抽尘量达到最大,抽尘效率达到最高。

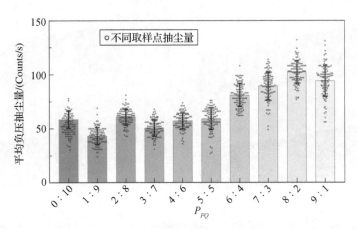

图 4.40 不同压风径轴比产生的负压抽尘量柱状图

5) 粉尘沉降行为分析

不同粒径的粉尘受重力影响将在巷道和设备表面发生沉降,对综掘工作面空气中粉尘浓度的影响不可忽视,且在扩散过程中粉尘颗粒极易与粗糙、湿润的巷道壁面碰撞而发生沉降或黏结,已沉降或黏结后的粉尘又极易在风流作用下发生二次扬尘。然而对于不同的综掘面巷道壁面环境,粉尘与壁面接触后难以判断是否发生粉尘的沉降或黏结,为此本书将通过粉尘与壁面的碰撞行为间接表征综掘面粉尘沉降—黏结特点。

图 4.41 为不同压风径轴比条件下粉尘与壁面的碰撞区域分布情况,图中颜色代表粉尘碰撞壁面累计质量,单位为 kg。由此可知,粉尘与巷道壁面的碰撞区域主要集中在综掘机铲板及距迎头 3.0 m 区域内。随着压风径轴比的增加,阻尘风幕形成距离逐渐缩短,粉尘与壁面发生碰撞范围也逐渐减小,而迎头区域因风流速度较大,粉尘不易与巷道壁面发生沉降。当 $P_{FQ}<5:5$ 时,粉尘碰撞范围扩大到综掘机后部,该区域沉降的粉尘受巷道后部除尘风机等产生的较大风流影响,极易引起二次扬尘,继续污染有人作业环境。由此可见,压风径轴比越大越不易引起二次扬尘。

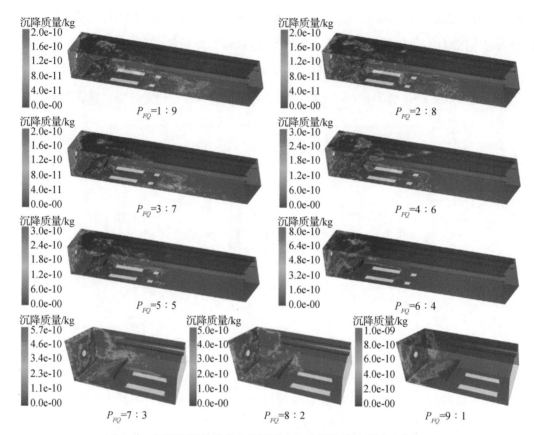

图 4.41　不同压风径轴比条件下粉尘与壁面的碰撞区域分布情况

4.4　本章小结

（1）在单压通风时，综掘工作面受压风射流场影响，形成了距工作面 2.0～10.0 m、10.0～25.0 m 较大横向涡流场以及 0～5.0 m 较大纵向涡流场，综掘面粉尘形成了 3 个粉尘颗粒流（Ⅰ～Ⅲ）。在 40.0 m 巷道内存在以下关系：扩散距离 L 与所需时间 T 呈线性递增趋势，关系表达式为 $T = 0.913\ 6L - 5.707\ 1$；扩散距离 L 与粉尘速度最大值 V 趋向对数衰减趋势，关系表达式为 $V = -1.868\ln(L) + 7.575\ 6$，轨迹偏离比（$P_z$）和粉尘粒径（$D$）的关系为：$P_z = -0.008\ 2D^2 - 0.05D + 0.422\ 8$；沉降行为主要发生距迎头 0～8.0 m 和 25.0～35.0 m 区域内，大颗粒粉尘更容易沉降，沉降率高达 84.5%，而呼吸性粉尘沉降率仅为 46.1%；经过现场实测发现，粉尘沉降率实测值与模拟值的相对误差范围为 1.3%～12.9%。

（2）在压抽混合通风时，受压风射流场的作用，在距迎头 0～15.0 m 区域内形成了较大的横向涡流场；在抽风筒侧巷道底板和压风筒侧巷道顶板形成了风流高速区，距工作面超过

30.0 m 后的区域风流逐渐变均匀;粉尘粒径和排尘率的关系为 $P=-0.575\,6D+65.49$,随着沿程沉降的增多和负压排尘量的增加,对于不同粒径粉尘在巷道两侧的数量逐渐降低至一个较小的稳定值,压风筒侧粉尘数量较抽风筒侧更快趋于稳定。距迎头前 10.0 m 区域为粉尘主要沉降区域,沉降率高达 71.72%,随着扩散距离的增加,各粒径粉尘的沉降率逐渐减弱,粉尘的平均沉降率由 40.13% 降至 0.57%;经现场实测发现实测值与模拟值之间的平均误差约 11.79%。

(3) 在增设风幕发生器后,随着压风径轴比逐渐增加,迎头前方的横向涡流强度逐渐降低,风流方向逐渐由紊乱变为一致指向迎头方向运移。当压风径轴比 $P_{FQ}>7:3$ 时,在距离迎头前方 10.0 m 范围内基本形成了一致指向迎头的风流场,且能在距迎头较近距离形成一道不可见风幕,有效抑制高浓度粉尘继续沿巷道轴向扩散;压风径轴比越大越不易引起二次扬尘,当 $P_{FQ}<5:5$ 时,粉尘碰撞范围扩大到综掘机后部,极易引起二次扬尘;风幕形成距离 d 和压风径轴比(比值)P_{FQ} 之间的函数关系为 $d=31.278\,e^{-0.243P_{FQ}}$,计算得到当 $P_{FQ}>3.497$ 时,风幕形成距离约为 7.0 m,可达到综掘面作业环境要求;现场实测发现模拟结果中风流场和粉尘场结果基本准确。

5 基于尘-雾凝并模型的综掘面雾化降尘规律研究

通过对第四章单压通风、压抽混合通风和开启风幕发生器后的综掘面粉尘污染机制研究发现,开启风幕发生器后通过合理布设风幕发生器及通风参数可以达到较好的降尘效果[218-226],但由于单压通风和压抽混合通风方式中难以避免大量呼吸性粉尘沿巷道向后部扩散,造成人员作业区环境污染严重,增设风幕发生器后大量高浓度粉尘也聚积在迎头附近,仍然存在安全风险。因此本书围绕风水双控降尘理念,针对三种通风方式进行综掘面尘-雾凝并仿真研究,以期进一步降低粉尘浓度。本章中分别针对四种典型 X 型导流芯喷嘴和新型系列喷嘴进行不同喷雾压力下降尘效果对比分析,通过对典型喷嘴优选或新型喷嘴优化,缓解综掘面高浓度粉尘污染问题。

5.1 单压通风方式下综掘面喷嘴雾化降尘规律研究

5.1.1 掘进机外喷雾现场实际效果测定

为了考察目前综掘面掘进机所采用外喷雾系统的降尘效果,以 $3_下610$ 综掘工作面为例,喷雾系统设置在距迎头 1.8 m 左右,均匀环绕 4 个旋流雾化喷嘴,喷雾压力约为 4.0 MPa,采用 AKFC - 92A 型矿用煤尘采样器(图 5.1)对综掘面粉尘浓度的现场测定,测点分别布置在迎头处、司机处、距迎头 20.0 m,距迎头 40.0 m,距迎头 60.0 m 处共 5 个,连续采样时间为 20 min,空气流量为 20 L/min,分别测定不同测点处原始及喷雾后的总尘浓度、呼尘浓度。分析发现经过开启外喷雾后现场总尘降尘效率仅为 36.4%～44.1%,呼尘降尘效率仅为 29.7%～36.5%,原喷雾系统应用后,司机处总尘浓度高达 334.6 mg/m³,呼尘浓度高达 140.4 mg/m³,喷雾降尘效果不理想(图 5.2)。

经过分析发现,原喷雾系统喷嘴雾化效果较差,雾滴以大颗粒雾流为主,雾化角度较小,且粉尘的疏水性严重,与雾滴碰撞结合能力差。调查发现大多数煤矿粉尘有一定疏水性,水表面张力较大,很多粉尘不易被水迅速、完全地湿润和捕捉。因此部分煤矿采取在水中添加表面活性剂,以提高雾滴捕尘能力的方法,表面活性剂是一类以很低浓度就能显著降低溶液表面张力的化学物质,它具有特殊的界面行为,在溶液中形成胶团,具有润湿、乳化、起泡、凝

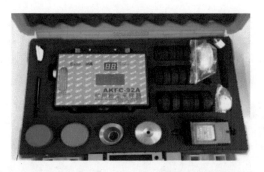

图 5.1　AKFC-92A 型矿用煤尘采样器

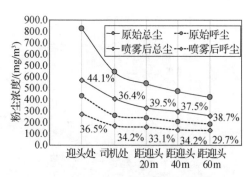

图 5.2　现场粉尘浓度测定结果

聚、增溶、洗涤等多种物化作用[2,4,227-231]。在本章中,为了研究综掘面掘进机外喷雾的最佳降尘效果,在尘-雾凝并模型中提高碰撞捕捉系数,即模拟喷雾水中添加有降尘用表面活性剂溶液的降尘效率,通过喷雾降尘实验测试模型准确性。所选用的降尘表面活性剂溶液成分为:十二烷基磺酸钠($CH_3(CH_2)_{11}SO_3Na$)和十六烷基三甲基溴化铵($C_{16}H_{33}(CH_3)_3NBr$),复配溶液质量分数为 0.05%,单体质量分数均为 0.025%[2,4],两种表面活性剂单体实物图及化学分子式如图 5.3 和图 5.4 所示。

图 5.3　十二烷基磺酸钠

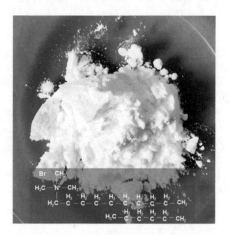

图 5.4　十六烷基三甲基溴化铵

5.1.2　增设掘进机外喷雾几何模型构建

根据蒋庄煤矿 $3_下610$ 综掘工作面现场情况,综掘巷道与设备尺寸与前章相同,雾化喷嘴安设于距离工作面迎头 1.8 m 左右,均匀环绕四个旋流喷嘴形成综掘机外喷雾系统;压风筒是直径 0.6 m 的圆柱体,中轴线均距地面 2.1 m,距最近巷道壁 0.1 m,压风口设置在现场作业常用的 10.0 m 位置处,综掘机后部连接桥式转载机与皮带运输机,图 5.5 为物理模型示意图。

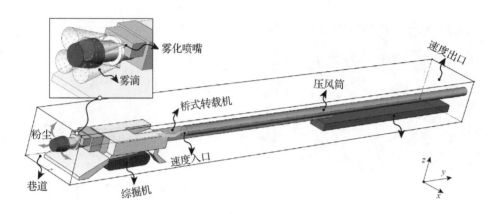

图 5.5   3下610 综掘工作面物理模型示意图

考虑到模拟中涉及了风流、雾滴、粉尘三种介质,且启用了 UDF 二次开发,模拟计算量大大增加,文中选用了六面体分区域划分方法减小计算量,但综掘面模型过于复杂,直接进行网格划分难度较大,为此将流体域分成三个部分进行划分(Fluid_01,Fluid_02,Fluid_03),应用 ICEM CFD 网格划分工具由"自顶而下"拓扑创建 block 结构,并合理调整网格疏密及节点分布,由此生成191 128 个网格,质量检测发现网格整体质量高于0.45,划分结果如图 5.6所示。

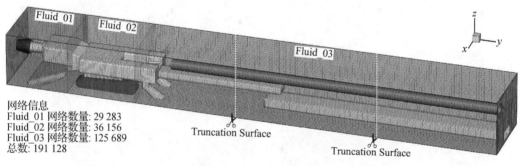

图 5.6   几何模型网格图

5.1.3   边界条件

结合蒋庄煤矿 3下610 综掘工作面现场通风条件,风流场的基本边界条件的设定与第四章中所述基本一致,其中由于尘-雾凝并模型涉及风流、雾滴和粉尘三相耦合,计算量较大,粉尘和雾滴颗粒采用简化的 DPM 颗粒追踪模型,基于 Rosin-Rammeler 分布函数表征粉尘粒径分布情况,粉尘粒径分布范围为 $0.85\sim84.3~\mu m$,中位径为 $12.1~\mu m$,分布指数为1.93,高浓度粉尘颗粒由截割头沿曲面法向方向生成。

喷嘴雾化模型选择压力旋流型经验雾化模型,同时开启雾滴的蒸发模型,发射颗粒流为

500 个,流量和雾化角参数由不同喷嘴在不同压力条件下喷雾实验测定结果决定。相关参数如表 5.1 所示。

表 5.1　模拟参数表

类型	属性	数值	类型	属性	数值
求解类型	求解器	Pressure-Based	湍流模型	双方程模型	$k\text{-}\varepsilon$
	时间	Transient		近壁面处理	Standard Wall Function
空气	密度	1.225 kg/m^3	雾滴	密度	998.2 kg/m^3
	黏度	1.79×10^{-5} kg/(m·s)		黏度	0.001 003 kg/(m·s)
压风口	Velocity Inlet	14.74 m/s	粉尘	密度	1 400 kg/m^3
	湍流强度	2.17%		发尘流量	0.003 kg/s
	水力直径	0.6 m		扩散系数	3.5
粉尘粒径分布	最小粒径	8.5×10^{-7} m	巷道出口 粉尘颗粒	Pressure Outlet	1.1 atm
	最大粒径	8.4×10^{-5} m		类型	Escape
	中位径	1.2×10^{-5} m			

5.1.4　实验测定及模型验证

为了给喷雾雾化经验模型中所涉及的雾化参数提供支撑,并检验雾滴-粉尘凝并模型准确性,研发了喷嘴雾化特性实验及喷嘴降尘效率测定实验系统,其主要由仿真模拟巷道、相位多普勒干涉仪(PDI)、粉尘发生器、增压泵、矿用节能轴流式通风机、风速调控系统、粉尘采样器、空气压缩机、信号分析器(ASA)、信号采集、处理及管理系统(AIMS)、水箱等构成,实验设备布置如图 5.7、图 5.8 所示。

仿真模拟巷道是由铝合金空心管与透明有机玻璃搭建而成的半封闭实验空间,包括进风段、扩散段、实验段、收缩段以及回风段,并配备了能够自动化操控的喷嘴固定与移动装置。其中,为了保证实验环境中的通风条件,进风段一侧设有 1.0 m×1.0 m 的进风口;实验段为规则的长方体实验空间,长×宽×高=5.0 m×3.0 m×3.0 m;回风段直接与轴流式通风机连接。同时,为便于实验人员进出,在实验段一侧开设一个 1.2 m×0.6 m 的门。通风系统由 K45-6 型矿用节能轴流式通风机以及 XL-21 动力柜组成,K45-6 型轴流式通风机的额定功率、额定转速以及最大流量分别为 18.5 kW、980 r/min 以及 28.5 m^3/s;增压泵的额定压力与工作压力分别为 10.0 MPa、6.0 MPa。

其中,PDI-200MD 相位多普勒激光干涉仪能够通过激光探测器收集散射光中相应多普勒的相位差及频率,获取液体或气体流场中的球形粒子、雾滴或气泡的颗粒尺寸及速度信息,并对其进行直观处理。其主要功能参数为:雾滴尺寸测量范围 $0.3\sim7\,000\ \mu\mathrm{m}$,精度 $\pm0.5\%$,分辨率 $\pm0.5\ \mu\mathrm{m}$,体积测量范围 $100\sim106\ \mathrm{cm}^3$,激光器输出波长 $473\sim600\ \mathrm{nm}$。

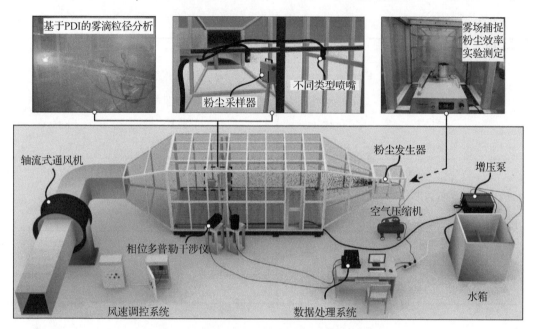

图 5.7　喷嘴雾化特性及喷雾降尘效率测定实验

图 5.8　相位多普勒干涉仪及 ASA 信号分析器

①喷嘴雾化特性实验原理:喷雾增压泵将水箱中的水增至一定压力后输送至实验箱内经喷嘴形成喷雾雾场,分别测定不同喷雾压力条件下雾场的雾化角和流量,再由激光发射器发射两束激光相交于雾场内一点,形成重叠区域,重叠区域内的雾滴对光的散射作用形成干涉条纹,而干涉条纹频率与雾滴直径成反比,数据后处理单元对干涉条纹频率进行分析,得到雾场的雾滴粒径情况。②喷嘴降尘效率测定实验原理:首先开启抽风机产生一定风速环境,由空气压缩机提供高压空气,利用粉尘发生器向实验箱内发射定量粉尘,粉尘采样器多次测取喷雾前后粉尘浓度值,计算得到不同喷嘴各压力条件下的降尘效率。

数值模拟结果的准确性通常受数学模型和数值误差影响,为了验证尘-雾耦合模型的准确性,本书建立了等比例实验物理模型,主要包括粉尘发生器、实验员模型、喷雾系统支架及实验箱体,并利用 ICEM 进行网格划分,网格的最大体积为 1.002×10^{-4} m³,最小体积为 3.372×10^{-9} m³,通过检测发现网格质量超过 0.3。分别设置抽风口为 Velocity Inlet 边界类型,进风口为 Pressure Out 边界类型,同时设置 1 个粉尘发射点及 2 个喷雾发射点,如图 5.9 所示。

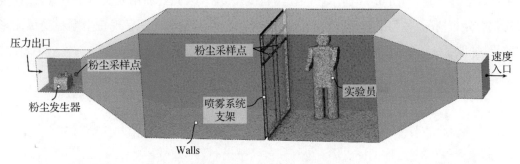

图 5.9 各断面测点布置图

本书选取了 K2.0 型喷嘴共 8 种喷雾压力(1.0～8.0 MPa)条件为例,添加表面活性剂后分别进行 3 组喷嘴降尘效率测定实验,并与模拟结果进行对比,如图 5.10 所示。随着喷雾压力的增加,K2.0 型喷嘴的降尘效率逐渐增加,模拟值与实验值变化趋势基本一致,且模拟值基本落在实验值的误差范围内,考虑到影响降尘效率的因素众多,且粉尘浓度测定方法存在一定局限性,所产生的相对偏差可被忽略,由此认为尘-雾耦合模型基本是准确的。

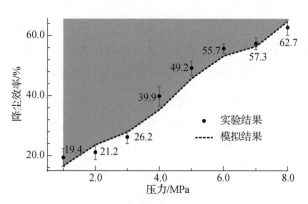

图 5.10 实测值与模拟值对比图

5.1.5　掘进机外喷雾作用机制分析

（1）风流-粉尘耦合场运移情况

掘进机截齿挤压煤体形成密实核，当接触应力达到极限时该核被压碎而产生粉尘，粉尘沿截割头曲面产生后，在风流曳力携带下沿巷道轴向扩散运移。为了更好地分析综掘机喷雾系统捕尘机制，应首先对迎头粉尘运移情况进行分析，分别选取具有代表性时刻的风流-粉尘耦合运移结果，如图 5.11 所示。因粉尘粒度尺度极小，此处利用放大显示方式，以便观察粉尘的分布情况，并利用颜色区别粉尘粒径大小。为了更直观地呈现粉尘颗粒受风流影响效果，抽取了 15 条风流流线表征风流场分布情况，颜色表示风速的大小。

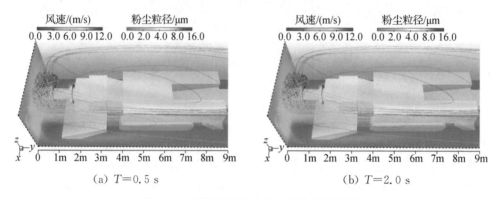

(a) $T=0.5\,\mathrm{s}$　　　　　　　　　(b) $T=2.0\,\mathrm{s}$

图 5.11　不同时刻风流-粉尘耦合运移结果

由图 5.11 可知，高动量空气由压风口射出后形成高速射流场，高动量空气遇到迎头碰撞后流动方向发生改变，由指向迎头方向转变为背向迎头方向，一部分风流沿着压风筒侧底板向后运移，另一部分风流沿压风筒另一侧巷道壁面向后运移，且该部分风流后移过程中受到高速射流场的卷吸作用，流动方向由背向迎头方向转变为指向迎头方向，因此在综掘机上方距迎头 8.0 m 范围内形成横向涡流场。在所述风流场曳力携带下，$T=0.5\,\mathrm{s}$ 时刻，高浓度粉尘较为均匀地包裹住截割头，包裹直径约为 1.5 m；$T=0.5\,\mathrm{s}$ 至 2.0 s 时刻，粉尘颗粒包裹直径逐渐扩大至 2.5 m 左右，并在巷道两侧背向迎头风流作用下向后方扩散，致使高浓度粉尘对后方作业区域造成了严重污染。

（2）风流-雾滴耦合场运移情况

外喷雾系统主要由 4 个喷嘴均匀布置于距迎头 2.0 m 处，高压水经喷嘴破碎雾化后生成锥形雾场，由此形成包裹截割头的捕尘雾场。为了分析捕尘雾场的形成特点，下面以 4.0 MPa 喷雾压力条件下 P1.5 型喷嘴为例，分析风流-雾滴耦合场情况。因雾滴粒度尺度极小，同样采用放大显示方式，颜色表示雾滴粒径大小，如图 5.12 所示。$T=0.2\,\mathrm{s}$ 时刻，雾滴由喷嘴喷出后形成锥形雾场,在雾场内高速风流携带及自身惯性作用下雾滴运移至迎头面,由此在截割头曲面周围形成环绕式雾滴覆盖区域,此时雾场形态受风流影响较小;$T=1.0$ s 时刻,截割头附近形成直径为 2.8 m 左右的雾滴覆盖区域,该区域与 $T=2.0$ s 时刻粉尘场扩散区相近,由此掘进机外喷雾系统生成的雾场可实现包裹、碰撞、捕捉覆盖粉尘的目的。

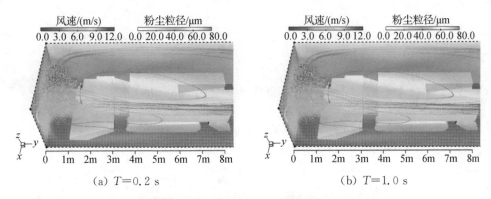

图 5.12 不同时刻风流-雾滴耦合运移图

5.1.6 典型旋流喷嘴降尘效果分析

(1) 迎头风流影响下雾场浓度分布

综掘面截割区域内雾滴与粉尘相对速度高、雾滴浓度大,是掘进机外喷雾的主要降尘区,而雾滴场能否充分包裹截割粉尘也是影响降尘效率的关键性因素,因此研究截割区域雾滴浓度分布规律尤为重要。本书利用 MATLAB 的插值函数对雾滴浓度进行三维插值处理,得到距迎头 0.85 m(截割头长度)区域内雾滴浓度分布图,如图 5.13 所示。其中颜色表示单元区域内雾滴颗粒的雾滴粒径平均值大小。

由图 5.13 可知,对于同一喷嘴类型,随着喷雾压力的增加,雾滴场内雾滴粒径平均值呈一致性减小趋势;在迎头强风流场作用下,每组喷雾方案的四个喷嘴雾场重叠相连,在 x(0.5 m~1.5 m),z(1.5 m~2.8 m)区间内形成了较高浓度的环状雾滴覆盖区,环形覆盖区主要由 4 个高雾滴浓度的波峰和低雾滴浓度的波谷相连构成;随着喷雾压力的增加,各个喷嘴的雾化角逐渐减小,环形覆盖区波峰处的雾滴浓度明显增加,但由于喷雾流量的增加,环形覆盖区波谷处的雾滴浓度无明显降低趋势。这表明随着喷雾压力增加,环形覆盖区内雾滴粒径平均值逐渐减小,且雾滴浓度均逐渐升高。

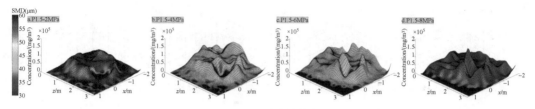

（a）P1.5型喷雾方案

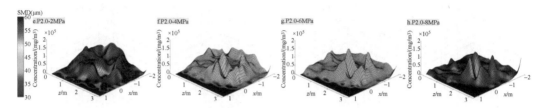

（b）P2.0型喷雾方案

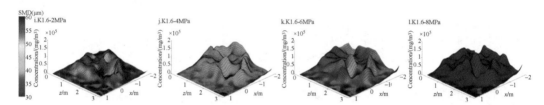

（c）K1.6型喷雾方案

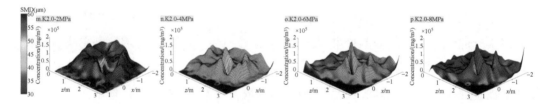

（d）K2.0型喷雾方案

图 5.13　距迎头 0.85 m 区域内雾滴浓度分布图

（2）喷雾方案实施后粉尘浓度分布情况

通过提取被追踪粉尘颗粒坐标及质量数据，利用 MATLAB 实现 x-y 平面粉尘浓度分析，为了更好地表现高浓度粉尘的积聚情况，如图 5.14 所示。其中颜色表示平均粉尘浓度值，单位为 mg/m³。由图 5.14 可知，不开启喷雾时，受迎头横向涡流场的影响，距离迎头前方 10.0 m 范围内，浓度超过 500 mg/m³ 粉尘聚积在无压风筒侧壁面，而距迎头 3.0～7.0 m 范围内综掘机上方区域粉尘浓度低于 111 mg/m³；距迎头 10.0～40.0 m 范围内压风筒侧粉尘发生大量积聚，粉尘浓度超过 500 mg/m³；距迎头 12.0～32.0 m 范围内也发生浓度高达 500 mg/m³ 的粉尘积聚。

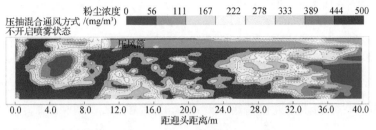

（a）不开启喷雾状态

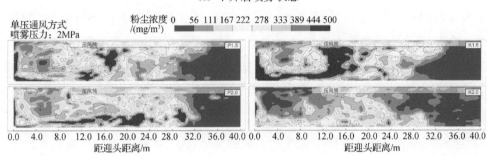

（b）2.0 MPa

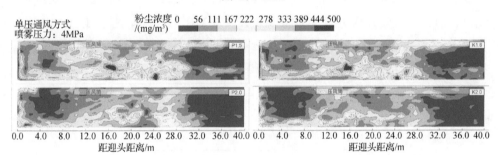

（c）4.0 MPa

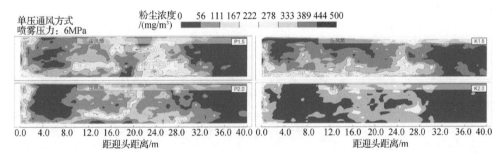

（d）6.0 MPa

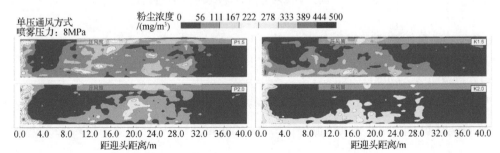

（e）8.0 MPa

图 5.14 典型喷嘴应用后粉尘浓度分布情况

开启喷雾系统后,随着喷雾压力及流量的增加,粉尘涡流现象逐渐消失,在喷雾压力为 2.0 MPa 条件下,由于喷雾压力较低,粉尘扩散速度明显较弱,主要集中在距离迎头 30.0 m 左右范围内,局部区域粉尘浓度仍高达 500 mg/m³,其中 P2.0 型和 K2.0 型喷嘴方案由于喷雾流量较大,粉尘大多沿着无压风筒侧壁面向后方运移。当喷雾压力达到 8.0 MPa 时,迎头附近粉尘浓度由 500 mg/m³ 降至 278 mg/m³ 左右,粉尘浓度值高于 278 mg/m³ 的粉尘显著减少,表明喷雾压力的增大对降尘效果的增强起关键性作用。降尘效果较优的喷雾方案为 K2.0-8.0 MPa,该方案实施后,与迎头距离超过 28.0 m 后的工作面粉尘浓度基本不超过 56 mg/m³。

(3)不同喷雾压力下降尘效率拟合结果

喷雾压力是影响喷嘴雾化降尘效率的关键性原因,为了得到掘进机外喷雾 4 种喷嘴的喷雾压力-降尘效率变化曲线,对各组喷嘴不同压力条件下的降尘效率进行曲线拟合,如图 5.15 所示。分析发现喷雾压力($P\in$(2.0 MPa,8.0 MPa))与降尘效率(E_d)之间呈现对数函数关系,拟合方差不低于 0.972 1;随着喷雾压力的增加,降尘效率逐渐增加,其增速却逐渐降低;随着喷雾压力的增加,P1.5 型喷嘴降尘效率曲线逐渐逼近 K1.6 型喷嘴,P2.0 型喷嘴降尘效率曲线逐渐逼近 K2.0 型喷嘴。通过拟合曲线也可发现,四种喷雾压力下 K2.0 型喷嘴降尘效果最佳。

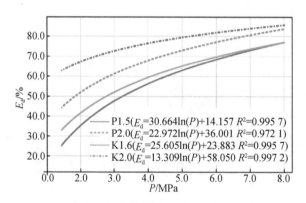

图 5.15　典型喷嘴喷雾压力与降尘效率拟合曲线

5.1.7　新型旋流喷嘴雾化效果分析

(1)新型喷嘴雾场浓度分布

利用 CFD-Post 软件提取不同雾滴浓度标准面,对距迎头 0.85 m 区域内雾滴浓度进行分析,如图 5.16 所示,在迎头强风流场作用下,不同喷雾压力的新型喷嘴抗风流扰动能力较强,从雾滴浓度为 0.06 kg/m³ 的标准面可以看出,喷雾压力为 6.0 MPa 和 8.0 MPa 时基本不受风流扰动影响,随着喷雾压力的升高,喷雾流量逐渐增加,迎头区域雾滴浓度为 0.03 kg/m³ 的标准面的面积也逐渐增加。由此可以推断,新型喷嘴具有较强的抗风流扰动能力和粉尘覆盖能力。

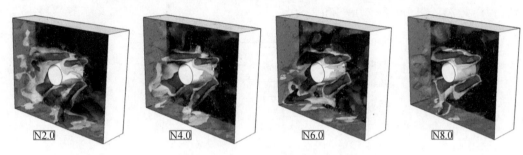

图 5.16　迎头区域雾滴浓度分布图

（2）新型喷嘴应用后粉尘浓度分布情况

为了分析新型喷嘴应用后综掘面粉尘分布情况,通过提取被追踪粉尘颗粒坐标及质量数据,利用 MATLAB 实现 x-y 平面粉尘浓度分析,如图 5.17 所示。其中颜色表示粉尘浓度值,单位为 mg/m³。由图 5.17 可知,随着喷雾压力的增加,新型喷嘴的降尘效率显著增加,受压风射流导致的涡流影响,高浓度粉尘主要积聚在距迎头 12.0～24.0 m 范围内,8.0 MPa 喷雾压力下,新型喷嘴 N8.0 喷雾效果最佳,迎头附近粉尘浓度由 500 mg/m³ 降至 278 mg/m³ 左右,综掘面除 16.0～28.0 m 区域外,大面积区域粉尘浓度低于 56 mg/m³,可采用其他除尘措施对该区域粉尘进行局部沉降。

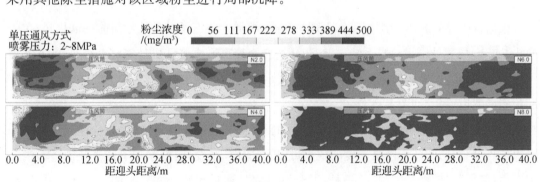

图 5.17　针对不同喷雾压力的新型喷嘴降尘效果

（3）新型喷嘴降尘效率拟合结果

通过对新型喷嘴喷雾压力与降尘效率进行函数拟合,如图 5.18 所示。拟合结果发现降尘效率与喷雾压力间近似成线性递增关系,函数关系式为 $E_d=69.91+2.497P$,拟合方差为 0.997 3。随着喷雾压力的增加,降尘效率逐渐增加,当喷雾压力增加至 8.0 MPa 时,降尘效率达到最大值 89.60%,该降尘效率为添加表面活性剂后计算得到的结果。通过前面的分析,典型喷嘴中 K2.0 喷嘴效果最佳,而新型系列喷嘴相比 K2.0 喷嘴,在四种喷雾压力下具有更好的降尘表现,2.0 MPa、4.0 MPa、6.0 MPa 和 8.0 MPa 喷雾压力下降尘效果提高率分别约为 11.20%、3.09%、4.08% 和 3.50%。

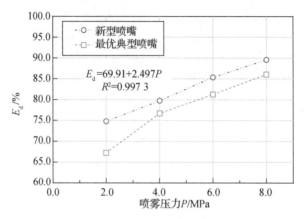

图 5.18　新型喷嘴与最优典型喷嘴降尘效果对比

5.2　压抽混合通风方式下综掘面喷嘴雾化降尘规律研究

5.2.1　蒋庄煤矿 3下905 综掘面几何模型

根据蒋庄煤矿 3下905 综掘工作面现场实际,综掘面巷道及设备尺寸与前一章相同,在距迎头 2.0 m 位置处增设喷雾系统,并均匀环绕四个喷嘴形成综掘机外喷雾系统,x 正方向表示由巷道中轴线指向压风筒一侧,y 正方向表示由迎头指向巷道末端,z 正方向表示由巷道底板指向巷道顶板。(图 5.20)

应用 ICEM CFD 网格划分工具由"自顶而下"拓扑创建 block 结构,并合理调整网格疏密及节点分布,通常认为网格密度的增大可以提高计算精度,但也增加了计算开销[208],因此本书生成"密"、"较密"和"中等"三种不同密度网格,通过比较 $y=5.0$ m、10.0 m、20.0 m、30.0 m 巷道断面在 $z=2.0$ m 处的风速值,以得到网格无关解。由图 5.19、图 5.20 可知,"较密"网格相比"密"网格的风速值偏差较小,由此认为"较密"网格适合该数值模拟研究,由此生成了 192 327 个网格,质量检测发现网格整体质量高于 0.4。

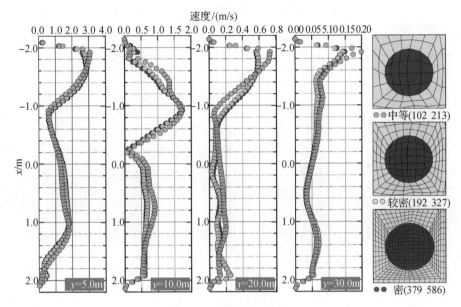

图 5.19　网格独立性验证

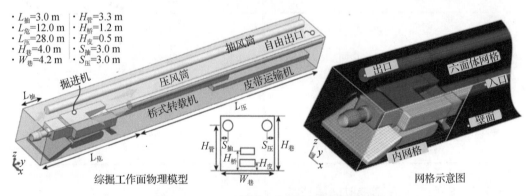

图 5.20　$3_{下}905$ 综掘工作面物理模型示意图

　　结合蒋庄煤矿 $3_{下}905$ 综掘工作面现场通风条件,风流场的基本边界条件的设定与第四章中所述基本一致,高浓度粉尘由截割头沿曲面法向方向生成,粉尘发射流量为 0.003 5 kg/s。喷嘴雾化选择压力旋流经验模型,颗粒流数量设为 500,发射时间为 100.0 s,雾化角和流量依据第三章中喷嘴雾化特性结果进行校正,求解模型及参数设置如表 5.2 所示。

表 5.2　模拟参数设定情况表

类型	属性	数值	类型	属性	数值
求解类型	求解器	Pressure-Based	湍流模型	双方程模型	k-ε
	时间	Transient		Near-Wall Treatment	Standard Wall Function
空气	密度	1.225 kg/m³	水	密度	998.2 kg/m³
	黏度	1.79×10⁻⁵ kg/(m·s)		黏度	0.001 003 kg/(m·s)
压风口	Velocity Inlet	9.95 m/s	抽风口	Velocity Inlet	−7.96 m/s
	湍流强度	4.08%		湍流强度	4.19%
	水力直径	0.8 m		水力直径	0.8 m
巷道出口	Pressure Outlet	1.1 atm	离散相	颗粒类型	Inert
巷道及设备	Boundary Cond. Type	Escape		Stochastic Tracking	Random Walk Model
粉尘特性	密度	1 400 kg/m³	粉尘粒径	最小粒径	8.5×10⁻⁷ m
	粉尘分布函数	Rosin-Rammler		最大粒径	8.43×10⁻⁵ m
	扩散系数	3.5		中位径	1.21×10⁻⁵ m
粉尘发射	发射流量	0.003 5 kg/s	求解方法	Scheme	SIMPLE
	发射时间	100.0 s			

5.2.2　典型旋流喷嘴模拟结果分析

（1）迎头风流影响下雾场浓度分布

通过 CFD-Post 提取距迎头 1.0 m 区域内雾场浓度分布信息,如图 5.21 所示,其中小球表示雾滴,大小表示雾滴粒径,颜色表示所处单元的雾滴浓度值。并构建了雾滴浓度低（0.01 kg/m³）、中（0.03 kg/m³）、高（0.06 kg/m³）等值面进行对比。由图 5.21 可知,受高速压风射流影响,迎头压风筒侧近顶板区域雾场浓度较低,尤其是喷雾压力较低时,雾滴速度较小,强风流扰动影响较小,随着喷雾压力的增加,抗风流扰动能力增强。喷雾流量增加,雾滴浓度增加,抗风流能力也随之增加。通过分析发现 K2.0 喷嘴由于喷嘴流量较大,且雾化角较大,抗风流能力较强,但 2.0 MPa 时雾场仍无法覆盖截割头。

■等值面雾滴浓度0.06 kg/m³ □等值面雾滴浓度0.03 kg/m³ ■等值面雾滴浓度0.01 kg/m³

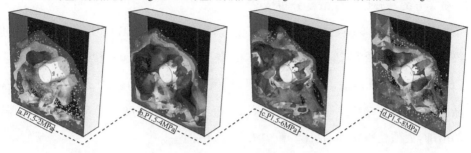

（a）P1.5 型喷嘴

■等值面雾滴浓度0.06 kg/m³ □等值面雾滴浓度0.03 kg/m³ ■等值面雾滴浓度0.01 kg/m³

（b）P2.0 型喷嘴

■等值面雾滴浓度0.06 kg/m³ □等值面雾滴浓度0.03 kg/m³ ■等值面雾滴浓度0.01 kg/m³

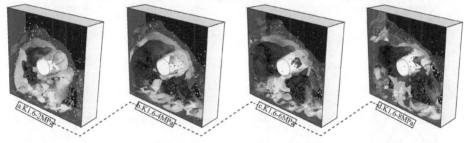

（c）K1.6 型喷嘴

■等值面雾滴浓度0.06 kg/m³ □等值面雾滴浓度0.03 kg/m³ ■等值面雾滴浓度0.01 kg/m³

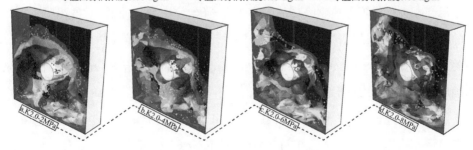

（d）K2.0 型喷嘴

图 5.21　距迎头 1.0 m 区域内雾滴分布结果

（2）喷雾方案实施后粉尘浓度分布情况

为了分析喷雾方案实施后粉尘浓度分布情况，利用 MATLAB 计算 x-y 面粉尘浓度值，如图 5.22 所示。由图可知，在回弹风流携带下，在抽风筒侧近壁面粉尘浓度超过 500 mg/m³；在压风口高速射流场卷吸作用下，压风口附近浓度为超过 278 mg/m³ 的粉尘颗粒吸入横向涡流内，并导致距迎头 12.0～20.0 m 范围内粉尘浓度超过 500 mg/m³。随着扩散距离的增加，大颗粒粉尘逐渐沉降，粉尘浓度逐渐减小。

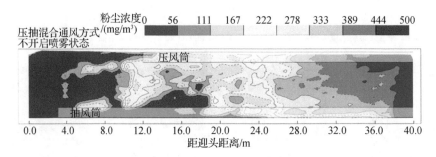

图 5.22　原粉扩散情况云图

不同喷雾方案实施后粉尘运移结果如下：

开启喷雾后，高浓度粉尘主要积聚在抽风筒侧，随着喷雾压力的增加，喷雾降尘效果也随之提高，高浓度粉尘积聚现象逐渐消失。图 5.23 为不同喷雾压力下典型类型喷嘴降尘效果云图。由图可知，在喷雾压力为 2.0 MPa 时，由于喷雾压力较低，粉尘扩散速度明显较弱，主要集中在距离迎头 30.0 m 左右范围内，当喷雾压力增加到 8.0 MPa 后，各组喷雾方案实施后，粉尘浓度值高于 500 mg/m³ 的粉尘显著减少，超 30.0 m 后巷道粉尘浓度低于 56 mg/m³。降尘效果较优的喷雾方案为 K2.0-8.0 MPa，该方案实施后，与迎头距离超过 28.0 m 后的工作面粉尘浓度基本不超过 56 mg/m³。

（3）不同喷雾压力下降尘效率拟合结果

为了得到掘进机外喷雾典型喷嘴的喷雾压力-降尘效率变化曲线，对各组喷嘴不同压力条件下的降尘效率进行函数拟合，如图 5.24 所示。分析发现喷雾压力 P 与降尘效率（E_d）间的函数关系为 $E_d = (Y_0 - \text{Pleatau}) \times e^{-kP} + \text{Pleatau}$ 的形式，拟合方差均高于 0.941 0；随着喷雾压力的增加，降尘效率逐渐增加，其增速却逐渐降低；随着喷雾压力的增加，K2.0 型喷嘴降尘效率曲线逐渐逼近 P2.0 型喷嘴，并在 8.0 MPa 时超过 P2.0，降尘效率约为 81.06%，由此可见最优喷嘴为 P2.0（2.0、4.0、6.0 MPa）和 K2.0（8.0 MPa）。

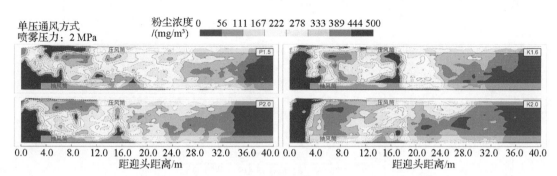

（a）2.0 MPa

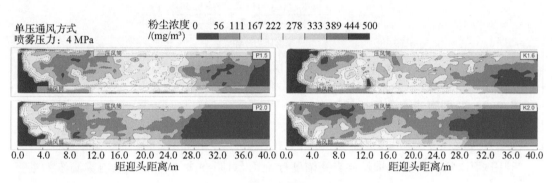

（b）4.0 MPa

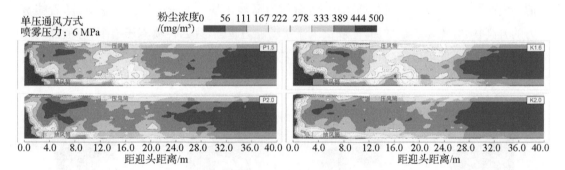

（c）6.0 MPa

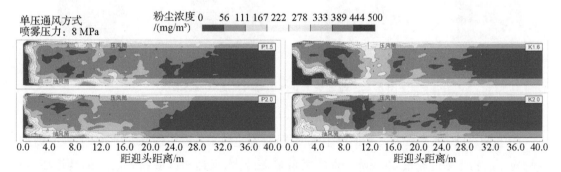

（d）8.0 MPa

图 5.23 不同喷雾压力下典型类型喷嘴降尘效果云图

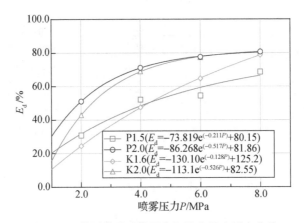

图 5.24　典型喷嘴喷雾压力与降尘效率拟合曲线

5.2.3　新型旋流喷嘴模拟结果分析

（1）新型喷嘴雾场浓度分布

利用 CFD-Post 软件提取不同雾滴浓度标准面,对距迎头 1.0 m 区域内雾滴浓度进行分析,如图 5.25 所示,其中小球表示雾滴,大小表示雾滴粒径,颜色表示所处单元的雾滴浓度值。由图可知,在迎头强风流场作用下,新型喷嘴雾化基本不受风流扰动影响,随着喷雾压力的升高,喷雾流量逐渐增加,雾场抗风流扰动能力越强,且四种喷雾压力下,等值面均围绕截割头分布,由此可以推断,压抽混合通风下新型喷嘴也具有较强的抗风流扰动和粉尘覆盖能力。

雾滴浓度=0.06 kg/m³　　雾滴浓度=0.03 kg/m³　　雾滴浓度=0.01 kg/m³

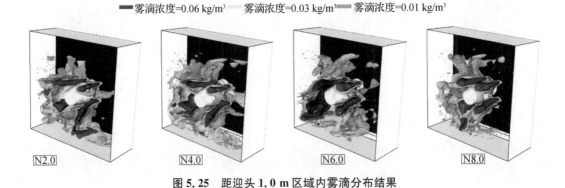

图 5.25　距迎头 1.0 m 区域内雾滴分布结果

（2）新型喷嘴应用后粉尘浓度分布情况

利用 MATLAB 实现 x-y 平面粉尘浓度提取,降尘效果云图见图 5.26。由图可知,新型喷嘴应用后粉尘浓度超过 500 mg/m³ 的区域显著减少,但迎头区域粉尘浓度仍然较高,随着喷雾压力的增加,新型喷嘴的降尘效率显著增加,当喷雾压力达到 8.0 MPa 时,综掘面迎头附近粉尘浓度由高于 500 mg/m³ 减小至低于 389 mg/m³。2.0 MPa 和 4.0 MPa 时,高浓度粉尘较为均匀分布在距迎头 30.0 m 范围内,当喷雾压力达到 6.0 MPa 和 8.0 MPa 后,高浓度粉尘主要积聚在迎头 4.0 m 范围内,超过 4.0 m 的后方巷道粉尘浓度基本低于 111 mg/m³,新型喷嘴 N8.0 喷雾效果最佳,除迎头附近和 20.0～32.0 m 区域外,大面积区域粉尘浓度低于 56 mg/m³,可采用其他措施对该区域粉尘进行局部沉降。

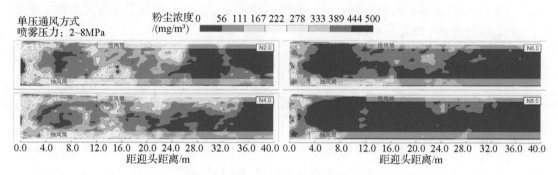

图 5.26　新型系列喷嘴降尘效果云图

（3）新型喷嘴降尘效率拟合结果

对不同喷雾压力下的新型系列喷嘴降尘效率进行函数拟合,如图 5.27 所示。拟合结果发现降尘效率与喷雾压力间近似成二次函数关系,函数关系式为 $E_d = 60.21 + 5.0P - 0.203P^2$,拟合方差为 0.970 9。随着喷雾压力的增加,降尘效率逐渐增加,当喷雾压力增加至 8.0 MPa 时,降尘效率达到最大,最大值为 86.77%,该降尘效率为添加表面活性剂后计算得到的结果。通过前面的分析,最优喷嘴为 P2.0（2.0、4.0、6.0 MPa）和 K2.0（8.0 MPa）,而新型系列喷嘴相比最优典型喷嘴,在 4 种喷雾压力下具有更好的降尘表现,2.0 MPa、4.0 MPa、6.0 MPa 和 8.0 MPa 喷雾压力下降尘效率分别提高了 18.77、4.32、6.85 和 5.67 个百分点。

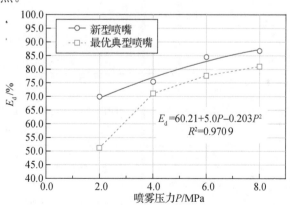

图 5.27　新型喷嘴与最优典型喷嘴降尘效果对比

5.3 风幕发生器作用下综掘面喷嘴雾化降尘规律研究

根据蒋庄煤矿 $3_下905$ 综掘工作面现场实际,增设风幕发生器,同时在距迎头2.0 m位置处安设喷雾系统,并均匀环绕四个喷嘴形成综掘机外喷雾系统,根据第四章的结论,当 P_{FQ} 的值约为3.5时,风幕形成距离约为7.0 m,可达到综掘面作业环境要求,下面针对该工况进行不同喷嘴喷雾降尘模拟分析研究。

5.3.1 增设风幕发生器后综掘面模型及边界条件

考虑到综掘面增设风幕发生器后,阻尘效果较好,粉尘的扩散在短时间内可达到平衡,粉尘扩散距离短,计算量相对较小,选用与4.3节相同的混合网格,网格数量为141万左右,结合蒋庄煤矿 $3_下905$ 综掘工作面现场通风条件,风流场的基本边界条件的设定与第四章中所述基本一致,同时分配压风筒末端面的径向出风与压风筒前端面的轴向出风不同风量,流向迎头风量与径向出风量比为3.5∶1,迎头压风口风速2.21 m/s,径向出风口风速7.96 m/s,湍流强度分别为3.75%和3.26%。高浓度粉尘由截割头沿曲面法向方向生成,喷嘴雾化模型选择压力旋流经验雾化模型,颗粒流数量为500,发射时间为40.0 s,雾化角和流量依据第三章中喷嘴雾化特性结果进行校正,求解模型及主要参数设置如表5.3所示。

表5.3 模拟参数表

类型	属性	数值	类型	属性	数值
求解类型	求解器	Pressure-Based	湍流模型	双方程模型	k_ε
	时间	Transient		Near-Wall Treatment	Standard Wall Function
空气	密度	1.225 kg/m³	巷道出口类型	Pressure Outlet	1.1 atm
	黏度	1.79×10^{-5} kg/(m·s)	巷道及设备	Wall	No Slip
求解方法	High Order Term Relaxation	ON	计算方法	Scheme	SIMPLE
				步内迭代数	60
迎头压风口	Velocity Inlet	2.21 m/s	径向出风口	Velocity Inlet	−7.96 m/s
	湍流强度	3.75%		湍流强度	3.26%
	水力直径	0.8 m		水力直径	0.8 m
粉尘特性	密度	1 400 kg/m³	粉尘粒径分布	最小粒径	8.5×10^{-7} m
	发尘流量	0.003 5 kg/s		最大粒径	8.4×10^{-5} m
	扩散系数	3.5	粉尘粒径	中位径	1.2×10^{-5} m

5.3.2 典型旋流喷嘴与新型喷嘴降尘效果对比

开启喷雾后,综掘面降尘效果显著,以新型喷嘴应用后粉尘浓度分布图为例,如图5.28所示。在综掘面增设风幕发生器后,不开启喷雾时,受风幕发生器形成的阻尘风幕作用,由迎头产生的高浓度粉尘主要积聚在距迎头7.0 m左右范围内。由于喷雾场形成了高速风流冲击迎头后发生回弹,高速回弹风流裹挟粉尘扩散至距迎头约9.0 m范围内,但粉尘浓度明显下降,高浓度粉尘主要分布在迎头附近,当喷雾压力达到8.0 MPa时,浓度高于56 mg/m³的粉尘被控制在距迎头7.5 m左右,不同压力时粉尘分布比较相似,因此仅需对不同喷雾方案应用后的降尘效率进行对比分析。

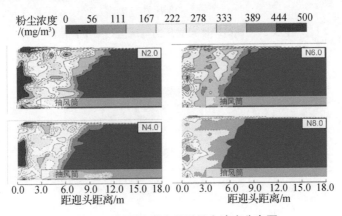

图5.28 新型喷嘴应用后粉尘浓度分布图

(1) 典型喷嘴降尘效率拟合结果

为了得到掘进机外喷雾4种喷嘴的喷雾压力-降尘效率变化曲线,对典型喷嘴不同压力条件下的降尘效率进行函数拟合,如图5.29所示。分析发现喷雾压力P与降尘效率(E_d)间的函数关系为$E_d = (Y_0 - \text{Pleatau}) \times e^{-kP} + \text{Pleatau}$的形式,拟合方差均高于0.999 2;随着喷雾压力的增加,降尘效率逐渐增加,其增速却逐渐降低;随着喷雾压力的增加,P2.0型喷嘴降尘效率曲线逐渐逼近K2.0型喷嘴,由此可见4种喷雾压力下最优典型喷嘴为K2.0。

(2) 新型喷嘴与最优典型喷嘴降尘效率对比

对不同喷雾压力下的新型喷嘴降尘效率进行函数拟合,如图5.30所示。拟合结果发现降尘效率与喷雾压力间(2~8 MPa范围内)近似成二次函数递增关系,函数关系式为$E_d = 58.07 + 7.334P - 0.416 9P^2$,拟合方差为0.997 5。随着喷雾压力的增加,降尘效率逐渐增加,当喷雾压力增加至8.0 MPa时,降尘效率达到最大,最大值为89.78%,该降尘效率为添加表面活性剂后计算得到的结果。通过前面的分析,最优典型喷嘴为K2.0,而新型系列喷嘴相比最优典型喷嘴,在4种喷雾压力下新型喷嘴与最优典型喷嘴降尘效率接近,降尘效果提高率达到 7.32%。

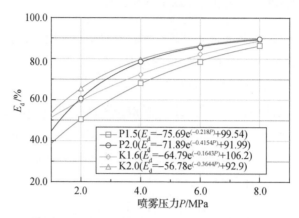

图 5.29   典型喷嘴喷雾压力与降尘效率拟合曲线

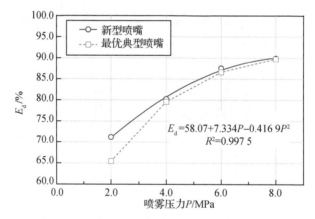

图 5.30   新型喷嘴与最优典型喷嘴降尘效果对比

综上,当开启风幕发生器后,喷雾压力达到 8.0 MPa 时,采用添加降尘用表面活性剂后,新型喷嘴降尘效果可达到 89.78%,综掘工作面高浓度粉尘被控制在距迎头 7.0 m 范围内,由此可见通过风-水双控协同增效,降尘效果较为理想。

5.4   本章小结

本章对掘进机外喷雾现场实际效果进行了测定,并确定了向喷雾水中添加表面活性剂溶液以提高综掘面降尘效率,通过搭建的喷雾降尘效率测定实验对添加表面活性剂溶液的降尘效率计算模型予以验证,验证结果发现模拟值与实验值变化趋势基本一致,且模拟值基本落在实验值的误差范围内,认为尘-雾耦合模型基本是准确的,并由此得到以下结论:

(1)单压通风条件:①受高速压风射流影响,迎头压风筒侧近顶板区域雾场浓度较低,随着喷雾压力的增加,抗风流扰动能力增强,雾场均匀性增加,典型喷嘴雾场均匀性相对较差;②开启喷雾系统后,随着喷雾压力及流量的增加,粉尘涡流现象逐渐消失,在喷雾压力为8.0 MPa条件下,各组喷雾方案实施后,粉尘浓度值高于330 mg/m³的粉尘浓度显著减少,表明喷雾压力的增大对降尘效果的增强起关键性作用,降尘效果较优的喷雾方案为K2.0-8.0 MPa,该方案实施后,与迎头距离超过28.0 m后的工作面粉尘浓度基本不超过56 mg/m³。③分析发现喷雾压力与降尘效率之间呈现对数函数关系,随着喷雾压力的增加,降尘效率逐渐增加,其增速却逐渐降低,四种喷雾压力下K2.0型喷嘴降尘效果最佳。④通过分析发现新型喷嘴具有较强的抗风流扰动能力和粉尘覆盖能力,拟合得到了新型喷嘴降尘效率与喷雾压力间近似成线性递增关系,相比最优典型喷嘴具有更好的降尘表现,降尘效率提高值最大达到11.20%。

(2)压抽混合通风条件:①受高速压风射流影响,迎头压风筒侧近顶板区域雾场浓度较低,喷雾流量增加,雾滴浓度增加,抗风流能力也随之增加。分析发现K2.0喷嘴由于喷嘴流量较大,且雾化角较大,抗风流能力较强,但2.0 MPa时雾场仍无法覆盖截割头。②随着喷雾压力的增加,喷雾降尘效果也随之提高,高浓度粉尘颗粒群现象逐渐消失,高浓度粉尘主要积聚在抽风筒侧。降尘效果较优的喷雾方案为K2.0-8.0 MPa,该方案实施后,与迎头距离超过28.0 m后的工作面粉尘浓度基本不超过56 mg/m³。③喷雾压力P与降尘效率(E_d)间的函数形式为$E_d = (Y_0 - \text{Pleatau}) \times e^{-kP} + \text{Pleatau}$,最优喷嘴为P2.0(2.0、4.0、6.0 MPa)和K2.0(8.0 MPa)。④通过拟合发现新型系列喷嘴降尘效率以二次函数的形式随着喷雾压力的增加而增加,相比典型喷嘴具有更好的降尘表现,最大降尘效率提高了18.77个百分点。

(3)增设风幕发生器:①通过对风幕发生器分风比(比值)$P_{FQ} = 3.5$时喷雾降尘效果仿真分析,粉尘主要积聚在距迎头7.0 m左右范围内,由于风幕发生器向迎头分风量减小,迎头附近风流速度减小,雾场受风流扰动大大减小,喷雾降尘效率增加,通过曲线拟合得到典型喷嘴喷雾压力P与降尘效率(E_d)间的函数关系为$E_d = (Y_0 - \text{Pleatau}) \times e^{-kP} + \text{Pleatau}$的形式,4种喷雾压力下最优典型喷嘴为K2.0;②拟合结果发现降尘效率与喷雾压力间(2~8 MPa范围内)近似成二次函数递增关系,在4种喷雾压力下新型喷嘴与最优典型喷嘴降尘效率接近,降尘效果提高率达到7.32%。综上,当开启风幕发生器后,喷雾压力达到8.0 MPa时,采用添加降尘用表面活性剂后,新型喷嘴降尘效果可达到89.78%,综掘工作面降尘效果较为理想。

6 主要结论及展望

6.1 主要结论

（1）基于马尔文 Spraytec 粒径分析仪等设计了雾滴粒径测定实验和雾场形态图像采集实验,经过对比分析确定了四种具有代表性的典型旋流喷嘴及新型旋流喷嘴的优化对象。通过引入 LES-VOF 描述初次雾化液核的破碎分解,提出了雾滴恒半径随机生成方法平衡雾场旋流特性,利用 KH-RT 方法计算二次雾化结果,最终形成了多尺度联合仿真方法,通过实验验证发现,索特尔直径与实验结果相对误差为 1.8%～21.4%,且雾场形态模拟和实验结果基本吻合,并得到以下结论:

①通过模拟揭示了喷嘴内流场、一次雾化和二次雾化的沿程变化规律,得到了不同喷雾压力下雾场速度和平均粒径的空间分布规律,并依据破碎效率和碰撞聚合效率将雾场大致分为 0～0.25 m、0.25～1.0 m、>1.0 m 共三个阶段,明确了喷雾压力与雾化角、平均粒径和有效射程的函数关系;通过对不同喷嘴参数进行对比分析,得到了不同喷嘴参数与雾化效果间的非线性函数关系;

②对 BP 神经网络进行结构设计与参数选取,结合喷雾压力、喷嘴参数与雾化效果间的非线性函数,扩展了 BP 神经网络训练样本,实现了雾化效果预测,优选出的 3.0 MPa 新型旋流喷嘴相比原喷嘴有效射程增加了 16.67%,达到了 2.1 m,满足了综掘面外喷雾射程需求,且平均粒径减小了 7.20%,并针对四种喷雾压力优化得到 N2.0、N4.0、N6.0 和 N8.0 四种新型旋流喷嘴。

（2）基于 RANS 方法选取了 k-ε 模型描述涉及的连续相和离散相湍流特征,构建了 CFD-DEM 耦合的风流-颗粒耦合仿真模型,经过现场实测,粉尘沉降率实测值与模拟值的相对误差低于 12.9%。通过对三种通风控除尘方式进行模拟分析发现:

①单压通风时,综掘工作面受压风射流场影响形成了 3 个粉尘颗粒流（Ⅰ～Ⅲ）。并确定了扩散距离与所需时间、扩散距离与粉尘速度最大值及轨迹偏离比和粉尘粒径之间的函数关系;沉降行为主要发生距迎头 0～8.0 m 和 25.0～35.0 m 区域内,大颗粒粉尘更容易沉降,40.0 m 巷道内沉降率高达 84.5%,而呼吸性粉尘沉降率仅为 46.1%,大量呼吸性粉尘继续向巷道后方扩散;

②压抽混合通风时,受压风射流场的作用,在距迎头 0~15.0 m 区域内形成了较大的横向涡流场,在负压抽风作用下大量粉尘被吸入抽风机排出净化,粉尘粒径和最终排尘量的关系为 $P=-0.5756D+65.49$;距迎头前 10.0 m 区域为粉尘主要沉降区域,沉降率高达 71.72%,随着扩散距离的增加,各粒径粉尘的沉降率逐渐减弱,粉尘的平均沉降率由 40.13% 降至 0.57%,仍存在大量呼吸性粉尘往巷道后方扩散;

③增设风幕发生器后,当压风径轴比(比值)$P_{FQ}>7:3$ 时,在距离迎头前方 10.0 m 范围内基本形成了一致指向迎头的风流场,有效抑制高浓度粉尘继续沿巷道轴向扩散,风幕形成距离 d 和压风径轴比 P_{FQ} 之间的函数关系为 $d=31.278\,e^{-0.243P_{FQ}}$,计算得到当 $P_{FQ}>3.497$ 时,风幕形成距离 $d\geqslant7.0$ m,粉尘沉降区域主要集中在距迎头 7.0 m 范围内,可基本达到人员作业区环境要求。

(3) 以高压喷雾捕尘四种机理为基础,构建了综掘面粉尘-雾滴凝并计算模型,通过搭建的喷雾降尘效率测定实验对添加表面活性剂溶液的降尘效率计算模型予以验证,降尘率模拟结果基本准确。根据风-水双控降尘理念,对三种通风方式进行综掘面尘-雾凝并仿真研究,结果表明:

①单压通风条件:揭示了不同喷嘴雾滴浓度分布规律,受高速压风射流影响,迎头压风筒侧近顶板区域雾场浓度较低,新型喷嘴具有较强的抗风流扰动能力粉尘和覆盖能力;分析发现典型喷嘴喷雾压力与降尘效率之间呈现对数增长关系,新型喷嘴降尘效率与喷雾压力间近似成线性递增关系,喷雾压力的增大对降尘效果的增强起关键性作用,降尘效果较优的典型喷嘴雾化方案为 K2.0-8.0 MPa,超 28.0 m 后的巷道粉尘浓度基本不超过 56 mg/m³,但新型喷嘴相比最优典型喷嘴具有更好的降尘表现,降尘效率提高值最大达到 11.20%。

②压抽混合通风条件:分析了不同喷嘴雾滴浓度分布规律,并明确了不同喷嘴粉尘浓度沿程分布规律,典型喷嘴喷雾压力 P 与降尘效率(E_d)间的函数形式为 $E_d=(Y_0-Pleatau)\times e^{-kP}+Pleatau$,最优典型喷嘴为 P2.0(2、4、6 MPa)和 K2.0(8 MPa),新型系列喷嘴降尘效率与喷雾压力间近似成二次函数递增关系,相比典型喷嘴具有更好的降尘表现,最大降尘效率提高了 18.77 个百分点。

③增设风幕发生器:分风比(比值)为 3.5 时高浓度粉尘主要积聚在距迎头 7.0 m 左右范围内,由于风幕发生器向迎头分风量较少,迎头附近风流速度较小,雾场受风流扰动影响不大,喷雾降尘效率均有所增加。典型喷嘴喷雾压力 P 与降尘效率(E_d)间的函数关系为 $E_d=(Y_0-Pleatau)\times e^{-kP}+Pleatau$ 的形式,新型喷嘴降尘效率与喷雾压力间(2~8 MPa 范围内)近似成二次函数递增关系,在四种喷雾压力下新型喷嘴与最优典型喷嘴降尘效率接近,降尘效果提高率达到 7.32%。

综上,当开启风幕发生器后,喷雾压力达到 8.0 MPa 时,采用添加降尘用表面活性剂后,新型喷嘴降尘效果可达到 89.78％,综掘工作面高浓度粉尘被控制在距迎头 7.5 m 范围内,通过风-水双控协同增效的方法可大大提高降尘效果。

6.2　本书的创新点

（1）针对目前仿真模型无法通过喷嘴内部结构、喷雾压力、水物理性质等直接获取外部喷雾粒径分布、雾化角度和射程等关键性参数难题,以射流多阶段雾化理论为核心,基于 LES-VOF 方法提出了多尺度旋流喷嘴雾化模型,揭示了矿用旋流芯喷嘴雾化机理,明确了不同旋流喷嘴结构参数与雾化效果的非线性函数关系,基于 BP 神经网络深度学习方法,利用非线性方程实现了旋流喷嘴参数的优化。

（2）针对目前综掘面粉尘扩散模型误差大、粉尘时空演化规律不明确等难题,基于 CFD-DEM 计算框架完善了粉尘细观运动受力,采用颗粒等效放大方法建立了离散粉尘颗粒动态追踪模型,明确了单压通风、压抽混合通风及增设风幕发生器方式下综掘面各级粉尘扩散污染机制,获得了增设风幕发生器后风幕形成距离和分风参数的函数关系。

（3）针对综掘面喷雾降尘效率缺少科学有效的仿真评估方法,基于 CFD-DPM 计算框架,利用 Fluent 二次开发了以雾滴粉尘碰撞概率算法为核心的尘-雾凝并计算模型,分析了综掘面不同喷雾压力下旋流喷嘴雾化降尘规律,得到了喷嘴喷雾压力与降尘效率关系,最终确定了降尘效果较优的综掘面风-水双控降尘方案。

6.3　研究展望

本书仅对四种涉及旋流喷嘴旋流特性的参数进行了分析,而影响喷嘴雾化效果的参数除了包括其他喷嘴结构参数外,还包括水的物理特性、空气的物理特性及表面活性剂等对雾化效果的影响,今后将通过多尺度旋流喷嘴雾化模型对所述的因素进行模拟分析,以期完善旋流喷嘴雾化理论,更进一步指导旋流喷嘴研发及现场喷雾方案设计等。

此外,本书所建立的综掘面尘-雾凝并计算模型并不包含雾滴-粉尘碰撞后沉降行为的预测,目前这方面的理论模型仍处于空白,今后将在现有的尘-雾凝并计算模型基础上,结合实验完善雾滴捕捉粉尘和雾滴-粉尘重力沉降理论。

变量注释表

变量	注释
a	指标场
a	雾滴半径的变化率,m/s
B_0	常数,取值为 0.115
B_1	破碎时间常数
C_μ	经验常数,取 0.09
C_D	曳力系数
C	Cunningham 修正系数
C_s	Smagorinsky 常数
C_L	Levich 常数
C_τ	Rayleigh-Taylor 破碎时间常数,取值为 0.5
d_{inj}	喷嘴参考直径,m
d_p	粉尘直径,m
d_c	雾滴直径,m
d_s	粉尘直径,m
d_d	雾滴直径,m
d_{def}	由于空气动力引起的变形液滴直径,m
d_0	参考喷嘴直径,m
D_s	旋流室孔径,m
D	参考截通直径,m
e	恢复系数
$E(n)$	输出层所有神经元的误差能量总和

变量	注释
$\vec{F}$	其他独立的力,如多孔介质和用户定义的源项,N
$F_{\text{t},ij}$	切应力,N
$f(\cdot)$	神经元的激活函数
G_k	由于平均速度梯度引起的湍动能 k 的产生项,J
G_b	由于浮力引起的湍动能 k 的产生项,J
$G_{1\varepsilon}$	经验常数
$G_{2\varepsilon}$	经验常数
$G_{3\varepsilon}$	经验常数
G^*	剪切模量
g_i	i 方向的重力加速度,m/s^2
g_t	雾滴加速度,m/s^2
G_θ	切向动量的轴向通量
G_x	轴向动量
I	单位张量
k	湍动能,J
k_v	速度系数
k	波数,m^{-1}
L_{ij}	颗粒 i 球体中心位置到颗粒 j 接触面的距离,m
L_x	亚格子尺度混合长度,m
L_s	旋流室长度,m
L_g	收缩段类型及长度,m
L_e	出口段长度,m
m^*	颗粒质量,kg
$\dot{m}_{\text{eff}}$	质量流量,kg/s
n_{ij}	两个接触颗粒之间的法向单位矢量

变量	注释
n	收集器与较小雾滴之间的碰撞次数
$\bar{n}$	收集器雾滴的平均预期碰撞次数
N_d	收集器雾滴与其他雾滴之间的碰撞次数
N_{cap}	雾滴俘获粉尘的数目
N_s	粉尘颗粒群中的颗粒数
N_d	雾滴颗粒群中的颗粒数
N	扩展后的样本数量
n_w	网络权值和阈值的总数
Oh	Ohnesorge 数
p	静压，Pa
Pe	Peclet 数
Q_w	单位面积水雾粒上的电荷量，C/m^2
Q	水雾粒荷电量，C
q	粉尘荷电量，C
Re	雷诺数
R^*	等效半径，m
r_1	收集器雾滴半径，m
r_2	较小的雾滴半径，m
S_k	用户定义的源项
S_ε	用户定义的源项
$S_{n,ij}$	法向刚度，N/m
$S_{t,ij}$	切向刚度，N/m
S_{tk}	惯性碰撞参数
$\bar{S}_{ij}$	应变张量率
SCR	旋流室流通面积比

变量	注释
S_n	旋流数
t	喷嘴出口处的液膜厚度,m
Ta	泰勒数
$\vec{u}_p$	颗粒速度矢量,m/s
u	喷嘴出口处轴向速度分量,m/s
U	液膜速度,m/s
u_i	瞬时气体速度矢量,m/s
$\boldsymbol{u}$	速度大小,m/s
u_i	神经元 i 的净输入
U_x	轴向速度,m/s
U_θ	切向速度,m/s
V_p	颗粒体积,m³
v_n	相对速度的法向分量,m/s
v_{rel}	收集器雾滴和小雾滴间相对速度,m/s
v_0	雾滴与粉尘的平均相对运动速度,m/s
v_i^d	雾滴的速度矢量,m/s
v_i^s	粉尘颗粒的速度矢量,m/s
v_l	液体运动黏度,Pa·s
v_i	经阈值调整后的值
We_l	液体韦伯数
We_g	气体韦伯数
w_{ij}	连接权重
x_j	神经元 j 的输入信号
Y_M	可压湍流中密度变化量,kg/m³
Y^*	等效杨氏模量

变量	注释
α_k	k 方程的湍流 Prandtl 数
α_ε	ε 方程的湍流 Prandtl 数
α	旋芯角，°
β	渐缩角，°
Δp	压力变化量，Pa
$\Delta \phi$	雾化锥角，°
Δ	局部网格比例
$\bar{\Delta}$	主滤波器
$\vec{\Delta}$	实验滤波器
δ_{ij}	克罗内克符号
$\delta_{n,ij}$	法向重叠量
$\Delta_{t,ij}$	切向重叠量
ε	湍动能耗散率
ε_p	粉尘介电常数，C/(V·m)
ε	网络误差精度
η_0	初始波幅，m
η_t	单颗粒雾滴碰撞效率
η	学习步长
θ_i	神经元的阈值
θ	喷嘴扩口角度
κ	表面曲率
μ	空气动力黏度，Pa·s
μ_t	湍流黏度，Pa·s
μ_i	时均速度，m/s
μ_s	静摩擦系数

变量	注释
μ_l	液体的黏度,Pa·s
μ_t	亚格子尺度湍流黏度,Pa·s
$\vec{\rho g}$	重力,kg
$-\rho \overline{u'_i u'_j}$	雷诺应力
ρ_l	液体密度,kg/m^3
ρ_p	粉尘密度,kg/m^3
ρ_s	颗粒密度,kg/m^3
ρ	空气密度,kg/m
σ_k	湍动能 k 对应的普朗特数
σ_ϵ	湍动耗散率 ϵ 对应的普朗特数
σ	表面张力,N/m
$\overline{\overline{\tau}}$	应力张量
τ_{kk}	亚格子尺度应力各向同性部分
τ	破碎时间,s
Φ	流动中的任一物理量
$\overline{\phi}$	物理量 ϕ 对时间的平均值
ϕ'	脉动值
ϕ_{start}	雾化起始角度,°
ϕ_{stop}	雾化终止角度,°
ψ_c	惯性碰撞参数
ω_{ij}	颗粒在接触点的角速度矢量
ω	复增长率
ω_r	不稳定扰动的最大值

参考文献

[1]程卫民,聂文,姚玉静,等.综掘工作面旋流气幕抽吸控尘流场的数值模拟[J].煤炭学报,2011,36(8):1342-1348.

[2]聂文.综掘工作面气载粉尘运移规律及抑制技术研究[D].青岛:山东科技大学,2013.

[3]秦跃平,张苗苗,崔丽洁,等.综掘工作面粉尘运移的数值模拟及压风分流降尘方式研究[J].北京科技大学学报,2011,33(7):790-794.

[4]周刚,程卫民,陈连军.矿井粉尘控制关键理论及其技术工艺的研究与实践[M].北京:煤炭工业出版社,2011.

[5]李德文,马骏,刘何清.煤矿粉尘及职业病防治技术[M].徐州:中国矿业大学出版社,2007.

[6]冉启平.木冲沟煤矿"9.27"特大瓦斯煤尘爆炸事故分析[J].煤矿安全,2002(2):39-41.

[7]梁冬.七台河矿难搜救工作宣告结束 确认171人全遇难[EB/OL].[2019-03-01].http://news.sohu.com/20051206/n240883449.shtml.

[8]安全监管总局政策法规司.河北唐山恒源实业有限公司"12.7"特别重大瓦斯煤尘爆炸事故[EB/OL].(2007-05-11)[2019-03-24].http://www.chinasafety.gov.cn/2007-05/11/content_236880.htm.

[9]中国新闻网.山西盂县一煤矿发生煤尘爆炸 致五人死亡一人伤[EB/OL].(2008-05-22)[2019-03-26].http://www.chinanews.com.cn/sh/news/2008/05-22/1259302.shtml.

[10]新疆昌吉回族自治州呼图壁县白杨沟煤炭有限责任公司煤矿"12.13"重大瓦斯煤尘爆炸事故调查报告[EB/OL].(2014-01-27)[2019-03-26].http://www.docin.com/p-1382651543.html.

[11]中国政府网.国务院安委办通报阜新矿业恒大煤业公司重大煤尘爆炸燃烧事故[EB/OL].(2014-12-03)[2019-03-26].http://www.gov.cn/xinwen/2014-12/03/content_2786330.html.

[12]中国安全生产网.湖南娄底通报祖保煤矿"2.14"事故[EB/OL].(2017-03-03)

[2019-03-27]. http://www. aqsc. cn/anjian/201703/03/c6121. html.

[13]中国新闻网. 黑龙江省双鸭山一煤矿发生爆炸事故致 2 死 1 伤[EB/OL]. (2018-01-23)[2019-03-27]. http://www. chinanews. com. cn/gn/2018/01-23/8431432. shtml.

[14]国家卫生健康委. 2021 年我国卫生健康事业发展统计公报[R/OL]. [2022-07-15]. http://www. nhc. gov. cn.

[15]国家卫生健康委. 2019 年我国卫生健康事业发展统计公报[R/OL]. [2022-04-11]. http://www. nhc. gov. cn.

[16]国家卫生健康委. 2020 年我国卫生健康事业发展统计公报[R/OL]. [2022-04-11]. http://www. nhc. gov. cn.

[17]Wang H, Cheng W M, Sun B, et al. Effects of radial air flow quantity and location of an air curtain generator on dust pollution control at fully mechanized working face [J]. Advanced Powder Technology, 2017, 28(7): 1780-1791.

[18] Rayleigh L. On the instability of jets [J]. Proceedings of the London Mathematical Society, 1878(1): 4-13.

[19]Chaudhary K C, Redekopp L G. Nonlinear capillary instability of a liquid jet. Part 1: Theory[J]. Journal of Fluid Mechanics, 1980, 96(2): 257-274.

[20] Mashayek F, Ashgriz N. Nonlinear instability of liquid jets with thermocapillarity [J]. Journal of Fluid Mechanics, 1995, 283(283): 97-123.

[21]Weber C. Disintegration of liquid jets[J]. Z. Angew. Math. Mech, 1931, 11 (2): 136-159.

[22]Taylor G I. The spectrum of turbulence[J]. Proceedings of the Royal Society of London. Series A: Mathematical and Physical Sciences, 1938: 476-490.

[23]Ohnesorge W. Formation of drops by nozzles and the breakup of liquid jets[J]. Journal of Applied Mathematics and Mechanics, 1936, 16(4): 355-358.

[24]Reitz R D, Bracco F V. Mechanism of atomization of a liquid jet[J]. The Physics of Fluids, 1982, 25(10): 1730-1742.

[25] Li X. Mechanism of atomization of a liquid jet [J]. American Society of Mechanical Engineers, 1995, 66(1):113-120.

[26]Yang H Q. Asymmetric instability of a liquid jet[J]. Physics of Fluids A: Fluid Dynamics, 1992, 4(4): 681-689.

[27]Lin P S, Kang D J. Atomization of a liquid jet[J]. The Physics of Fluids, 1987,

（30）：2000 - 2006.

[28]Fath A，Fettes C，Leipertz A. Investigation of the diesel spray breakup close to nozzle at different injection conditions[C]// 4th International Symposium Comodia 98, Kyoto，Japan，1998.

[29]史绍熙，郗大光，刘宁，等. 高速液体射流初始阶段的破碎[J]. 内燃机学报，1996，14(4)：349 - 354.

[30]史绍熙，林玉静，杜青，等. 射流参数对旋流雾化的影响[J]. 燃烧科学与技术，1999，5(1)：1 - 6.

[31]史绍熙，郗大光，秦建荣，等. 液体射流的非轴对称破碎[J]. 燃烧科学与技术，1996，2(3)：189 - 199.

[32]曹建明. 射流表面波理论的研究进展[J]. 新能源进展，2014，2(3)：165 - 172.

[33]严春吉. 液体射流分裂雾化机理及内燃机缸内工作过程的模拟[D]. 大连：大连海事大学，2005.

[34]严春吉，解茂昭. 空心圆柱形液体射流分裂与雾化机理的研究[J]. 水动力学研究与进展（A 辑），2001，16(2)：200 - 208.

[35]严春吉，解茂昭. 气动力对空心圆柱形液体射流分裂与雾化特性的影响[J]. 大连海事大学学报，1998，24(2)：84 - 88.

[36]Santangelo P E. Experiments and modeling of discharge characteristics in water-mist sprays generated by pressure-swirl atomizers[J]. Journal of Thermal Science，2012，21(6)：539 - 548.

[37]Urbán A，Zaremba M，Maly M，et al. Droplet dynamics and size characterization of high-velocity airblast atomization[J]. International Journal of Multiphase Flow，2017，95：1 - 11.

[38]Lan Z K，Zhu D H，Tian W X，et al. Experimental study on spray characteristics of pressure-swirl nozzles in pressurizer[J]. Annals of Nuclear Energy，2014，63：215 - 227.

[39]Wang H T，Du Y H，Wei X B，et al. An experimental comparison of the spray performance of typical water-based dust reduction media[J]. Powder Technology，2019，345：580 - 588.

[40]Wang P F，Tian C，Liu R H，et al. Mathematical model for multivariate nonlinear prediction of SMD of X-type swirl pressure nozzles[J]. Process Safety and Environmental Protection，2019，125：228 - 237.

[41]Wang P F，Shi Y J，Zhang L Y，et al. Effect of structural parameters on

atomization characteristics and dust reduction performance of internal-mixing air-assisted atomizer nozzle[J]. Process Safety and Environmental Protection，2019,128:316－328.

[42]徐翠翠. 喷嘴内外流场雾化特性及尘雾耦合降尘试验研究[D]. 青岛：山东科技大学，2018.

[43]Srinivasan V，Salazar A J，Saito K. Numerical investigation on the disintegration of round turbulent liquid jets using LES/VOF techniques[J]. Atomization & Sprays，2008,18: 571－617.

[44]Lefebvre A. Atomization and sprays[M]. Boca Raton：CRC Press，1988.

[45]Salvador F J，Romero J V，Roselló M D，et al. Numerical simulation of primary atomization in diesel spray at low injection pressure[J]. Journal of Computational and Applied Mathematics，2016，291:94－102.

[46]Yu H，Goldsworthy L，Brandner P A，et al. Development of a compressible multiphase cavitation approach for diesel spray modelling[J]. Applied Mathematical Modelling，2017，45:705－727.

[47]Yin B，Yu S，Jia H，et al. Numerical research of diesel spray and atomization coupled cavitation by Large Eddy Simulation (LES) under high injection pressure[J]. International Journal of Heat and Fluid Flow，2016，59:1－9.

[48]Yu S H，Yin B F，Jia H K，et al. Numerical research on micro diesel spray characteristics under ultra-high injection pressure by Large Eddy Simulation (LES)[J]. International Journal of Heat and Fluid Flow，2017，64: 129－136.

[49]施立新. 金属熔体雾化喷嘴流场数值研究[D]. 福州：福州大学，2014.

[50]彭天鹏，文华，刘昌. 基于 LES-VOF 模型的燃油射流雾化过程模拟[J]. 南昌大学学报(工科版)，2009，31(4): 344－347.

[51]田秀山. 同轴气流式喷嘴壁厚对液体破裂的影响研究[D]. 上海：华东理工大学，2014.

[52]王勇，李国岫，虞育松，等. 启喷阶段高压柴油射流雾化机理的大涡模拟[J]. 燃烧科学与技术，2012(5): 441－447.

[53]黄燕，王波，袁益超. 基于 VOF 方法的弹簧喷嘴雾化数值模拟研究[J]. 能源研究与信息，2012(3):175－180.

[54]Ren T，Balusu，R. The use of CFD modelling as a tool for solving mining health and safety problems[C]//10th Underground Coal Operators' Conference，University of Wollongong & the Australasian Institute of Mining and Metallurgy，2010: 339－349.

［55］陈曦，葛少成. 基于 Fluent 软件的高压喷雾捕尘技术数值模拟与应用［J］. 中国安全科学学报，2013，23（8）：144－149.

［56］张淑荣，巩志强，孙业山. 气流式雾化喷嘴的喷雾分析［J］. 科技致富向导，2012（21）：90.

［57］聂文，彭慧天，晋虎，等. 喷雾压力影响采煤机外喷雾喷嘴雾化特性变化规律［J］. 中国矿业大学学报，2017（1）：41－47.

［58］Herrmann M. A Eulerian level set/vortex sheet method for two-phase interface dynamics［J］. Journal of Computational Physics，2005（2）：539－571.

［59］Tomar G，Fuster D，Zaleski S，et al. Multiscale simulations of primary atomization［J］. Computers and Fluids，2010，39（10）：1864－1874.

［60］Saeedipour M，Schneiderbauer S，Plohl G，et al. Multiscale simulations and experiments on water jet atomization［J］. International Journal of Multiphase Flow，2017，95：71－83.

［61］Nakayama S，Uchino K. Inoue M. 3 Dimensional flow measurement at heading face and application of CFD［J］. Shigen-to-Sozai，1996，112（9）：639－644.

［62］Toraño J，Torno S，Menéndez M，et al. Auxiliary ventilation in mining roadways driven with roadheaders：Validated CFD modelling of dust behaviour［J］. Tunnelling and Underground Space Technology，2011，26（1）：201－210.

［63］Ren T，Wang Z W，Cooper G. CFD modelling of ventilation and dust flow behaviour above an underground bin and the design of an innovative dust mitigation system［J］. Tunnelling and Underground Space Technology，2014，41：241－254.

［64］Thiruvengadam M，Zheng Y，Tien J C. DPM simulation in an underground entry：comparison between particle and species models［J］. International Journal of Mining Science and Technology，2016，26（3）：487－494.

［65］Lu Y Z，Akhtar S，Sasmito A，et al. Prediction of air flow，methane，and coal dust dispersion in a room and pillar mining face［J］. 矿业科学技术学报（英文版），2017，27（4）：662.

［66］刘荣华，王海桥，施式亮，等. 压入式通风掘进工作面粉尘分布规律研究［J］. 煤炭学报，2002，27（3）：233－236.

［67］王海桥，施式亮，刘荣华，等. 压入式受限贴附射流流场特征及参数计算［J］. 黑龙江科技学院学报，2001，11（4）：4－7.

［68］王海桥，施式亮，刘荣华，等. 独头巷道射流通风流场 CFD 模拟研究［J］. 中国安

全科学学报，2003，13(1)：68-71.

[69]王海桥，刘荣华，陈世强. 独头巷道受限贴附射流流场特征模拟实验研究[J]. 中国工程科学，2004，6(8)：45-49,63.

[70]王海桥. 掘进工作面射流通风流场研究[J]. 煤炭学报，1999，24(5)：498-501.

[71]Geng F，Luo G，Zhou F B. Numerical investigation of dust dispersion in a coal roadway with hybrid ventilation system[J]. Powder Technology，2017，313：260-271.

[72]李雨成，刘天奇，李智，等. 爆破掘进空间内粉尘非稳态运移规律研究[J]. 中国安全生产科学技术，2014(6)：33-38.

[73]蒋仲安，陈梅岭，陈举师. 巷道型采场爆破粉尘质量浓度分布及变化规律的数值模拟[J]. 中南大学学报(自然科学版)，2013，44(3)：1190-1196.

[74]Wang Z W，Li S G，Ren T，et al. Respirable dust pollution characteristics within an underground heading face driven with continuous miner-A CFD modelling approach[J]. Journal of Cleaner Production，2019，217：267-283.

[75]周刚. 综放工作面喷雾降尘理论及工艺技术研究[D]. 青岛：山东科技大学，2009.

[76]聂文，马骁，程卫民，等. 通风条件对综掘面控尘气幕的影响[J]. 中国矿业大学学报，2015(4)：630-636.

[77]程卫民，王昊，孙彪，等. 综掘面径向分风与压风配比对风幕阻尘的影响[J]. 中国矿业大学学报，2017(5)：1014-1023.

[78]Zhang Q，Zhou G，Qian X M，et al. Diffuse pollution characteristics of respirable dust in fully-mechanized mining face under various velocities based on CFD investigation[J]. Journal of Cleaner Production，2018，184：239-250.

[79]Delnoij E，Kuipers J A M，van Swaaij W P M. A three-dimensional CFD model for gas-liquid bubble columns[J]. Chemical Engineering Science，1999，54(13/14)：2217-2226.

[80]Panneerselvam R，Savithri S，Surender G D. CFD simulation of hydrodynamics of gas-liquid-solid fluidised bed reactor[J]. Chemical Engineering Science，2009，64(6)：1119-1135.

[81]Liu Y Y，Yue J，Zhao S N，et al. Bubble splitting under gas-liquid-liquid three-phase flow in a double T-junction microchannel[J]. AIChE Journal，2018,64(1):376-388.

[82]沙永东，李晓豁，康晓敏，等. 基于遗传算法的掘进机外喷雾降尘效率最大的参数优化[J].科技导报，2012(26)：35-38.

[83]马素平，寇子明. 喷雾降尘效率及喷雾参数匹配研究[J]. 中国安全科学学报，2006，16(5):84-88.

[84]Prostański D. Use of air-and-water spraying systems for improving dust control in mines[J]. Journal of Sustainable Mining, 2013, 12(2): 29 – 34.

[85]李明忠，赵国瑞. 基于有限元仿真分析的高压雾化喷嘴设计及参数优化[J]. 煤炭学报，2015, 40(S1): 279 – 284.

[86]Faeth G M, Hsiang L P, Wu P K. Structure and breakup properties of sprays [J]. International Journal of Multiphase Flow, 1995, 21: 99 – 127.

[87]Sirignano W A. Fluid dynamics and transport of droplets and sprays[M]. 2nd ed. Cambridge: Cambridge University Press, 2010.

[88]Cabezas Gómez L, Milioli F E. Numerical study on the influence of various physical parameters over the gas-solid two-phase flow in the 2D riser of a circulating fluidized bed[J]. Powder Technology, 2003, 132(2/3):216 – 225.

[89]ANSYS, Inc. ANSYS (15.0) fluent theory guide[Z]. Canonsburg, 2015.

[90]Wang H, Nie W M, Cheng W, et al. Effects of air volume ratio parameters on air curtain dust suppression in a rock tunnel's fully-mechanized working face[J]. Advanced Powder Technology, 2018, 29(2): 230 – 244.

[91]聂文，魏文乐，刘阳昊，等. 轴向压及径向旋流风幕的形成与隔尘仿真[J]. 浙江大学学报(工学版)，2016, 50(9):1730 – 1737.

[92]Hu S Y, Feng G R, Ren X Y, et al. Numerical study of gas-solid two-phase flow in a coal roadway after blasting[J]. Advanced Powder Technology, 2016, 27(4): 1607 – 1617.

[93]Hinze J O. Turbulence[M]. New York:McGraw-Hill Publishing Co., 1975.

[94]Huang P G, Bradshaw P, Coakley T. Skin friction and velocity profile family for compressible turbulent boundary layers[J]. AIAA Journal, 1993, 31(9): 1600 – 1604.

[95]Launder B E, Spalding D B. Lectures in mathematical models of turbulence[M]. London, England:Academic Press, 1972.

[96]Launder B E, Spalding D B. The numerical computation of turbulent Flows[J]. Computer Methods in Applied Mechanics and Engineering, 1974, 3(2): 269 – 289.

[97]Shih T H, Liou W W, Shabbir A, et al. A new k-ε eddy viscosity model for high reynolds number turbulent flows: model Development and Validation[J]. Computers & Fluids, 1995, 24(3): 227 – 238.

[98]Hirt C W, Nichols B D. Volume of fluid (VOF) method for the dynamics of free boundaries[J]. Journal of Computational Physics, 1981, 39(1):201 – 225.

[99]Smagorinsky J, Manabe S, Holloway J L. Numerical results from a nine-level

general circulation model of the atmosphere[J]. Monthly Weather Review, 1965, 93(12):727-768.

[100]Seung S P, Chen Z J, Chen C P, et al. A combined Eulerian-VOF-Lagrangian method for atomization simulation [C]// 30th JANNAF Combustion Subcommittee Meeting, 1993.

[101]Xiao F, Dianat M, McGuirk J J. LES of turbulent liquid jet primary breakup in turbulent coaxial air flow[J]. International Journal of Multiphase Flow, 2014, 60:103-118.

[102]Deardorff J W. A numerical study of three-dimensional turbulent channel flow at large Reynolds numbers[J]. Journal of Fluid Mechanics, 1970, 41(2):453-480.

[103]Schumann U. Results of a numerical simulation of turbulent channel flows[C]// Intel. Meeting on Reactor Heat Transfer, 1973.

[104]Schumann U. Subgrid scale model for finite difference simulations of turbulent flows in plane channels and annuli [J]. Journal of Computational Physics, 1975,18(4):376-404.

[105]Martin M P. Shock-capturing in LES of high-speed flows [J]. Center for turbulence Research Annual Research Briefs, 2000.

[106]Urbin G, Knight D. Large-eddy simulation of a supersonic boundary layer using an unstructured grid[J]. AIAA Journal, 2001, 39(7):1288-1295.

[107]Rizzetta D P, Visbal M R, Gaitonde D V. Large-eddy simulation of supersonic compression- ramp flow by high-order method[J]. AIAA Journal, 2001, 39(12):2283-2292.

[108]Mary I, Sagaut P. Large eddy simulation of flow Around an airfoil near stall [J]. AIAA Journal, 2002, 40(6):1139-1145.

[109]Yan H, Knight D, Zheltovodov A. Large Eddy Simulation of Supersonic Flat Plate Boundary Layer Part II[C]//AIAA/ASME/SAE/ASEE Joint Propulsion Conference & Exhibit, July 07-10,2002,Indianapolis, Indiana. Reston, Virginia: AIAA, 2002:4286.

[110]Ham F, Apte S, Iauarind G, et al. Unstructured LES of reacting multiphase flows in realistic has turbine combustors[R]. Center for Turbulence Research Annual Research Briefs, 2003.

[111]Dahlström S, Davidson L. Hybrid RANS/LES employing Interface Condition with turbulent structure[Z]. Turbulence, Heat and Mass Transfer, 2003:689-696.

[112]Erlebacher G, Hussaini M Y, Speziale C G, et al. Toward the large-eddy simulation of compressible turbulent flows[J]. Journal of Fluid Mechanics, 1992, 238:155-185.

[113]Bracco F V. Structure of high-speed full-cone sprays[M]// Recent Advances in

the Aerospace Sciences. Boston, MA: Springer US, 1985:189 – 212.

[114]Smagorinsky J. General circulation experiments with the primitive equations[J]. Mon. Weath. Rev. 1963, 91(3):99 – 164.

[115]Germano M, Piomelli U, Moin P, et al. A dynamic subgrid-scale eddy viscosity model[J]. Physics of Fluids A, 1991, 3(7):1760 – 1765.

[116]Jasak H, Weller H G, Gosman A D. High resolution NVD differencing scheme for arbitrarily unstructured meshes[J]. International Journal for Numerical Methods in Fluids, 1999, 31(2):431 – 449.

[117]Aspden A, Nikiforakis N, Dalziel S, et al. Analysis of implicit LES methods [J]. Communications in Applied Mathematics and Computational, 2008, 3(1): 103 – 126.

[118]Xia H, Tucker P G. Numerical simulation of single-stream jets from a serrated nozzle[J]. Flow, Turbulence and Combustion, 2012, 88(1/2):3 – 18.

[119]Keskinen J P, Vuorinen V, Kaario O, et al. Effects of mesh deformation on the quality of large eddy simulations[J]. International Journal for Numerical Methods in Fluids, 2016, 82(4):171 – 197.

[120]Wehrfritz A, Kaario O, Vuorinen V, et al. Large Eddy Simulation of n-dodecane spray flames using Flamelet Generated Manifolds[J]. Combustion and Flame, 2016,167:113 – 131.

[121]Kahila H, Kaario O, Wehrfritz A, et al. Proper orthogonal decomposition analysis of the engine combustion network Spray A[C]// ILASS-Americas 29th Annual Conference on Liquid Atomization and Spray Systems, 2017.

[122]Cheng L. Collection of airborne dust by water sprays[J]. Industrial & Engineering Chemistry Process Design and Development, 1973, 12(3): 221 – 225.

[123]马素平, 寇子明. 用于喷雾降尘的压力型雾化喷嘴设计研究[J]. 矿山机械, 2006, 34(1): 67 – 68.

[124]聂文, 刘阳昊, 马骁, 等. 风流扰动支架架间高压喷雾降尘雾滴粒度实验[J]. 中国矿业大学学报, 2016 (4): 670 – 676.

[125]Pollock D, Organiscak J. Airborne dust capture and induced airflow of various spray nozzle designs[J]. Aerosol Science and Technology, 2007, 41(7): 711 – 720.

[126]吴琼. 综采工作面喷雾降尘机理及高效降尘喷嘴改进研究[D]. 阜新:辽宁工程技术大学, 2007.

[127]Wu K J, Santavicca D A, Bracco F V, et al. LDV measurements of drop

velocity in diesel-type sprays[J]. AIAA Journal, 2015, 22(9): 1263 - 1270.

[128]Husted B P, Petersson P, Lund I, et al. Comparison of PIV and PDA droplet velocity measurement techniques on two high-pressure water mist nozzles[J]. Fire Safety Journal, 2009, 44(8): 1030 - 1045.

[129]O'Rourke P J, Amsden A A. The tab method for numerical calculation of spray droplet breakup[R]. SAE Technical Paper 872089. SAE, 1987.

[130]O'Rourke P J, Amsden A A. A particle numerical model for wall film dynamics in port injected engines[C]// SAE Fuels and Lubricants Meeting, San Antonio, Texas, October 14 - 17, 1996.

[131]O'Rourke P J, Amsden A A. A spray/wall interaction submodel for the KIVA-3 wall film model[R]. SAE Technical Paper 2000 - 01 - 0271, 2000.

[132]Chigier N, Reitz R D. Regimes of jet breakup and breakup mechanisms[J]. Progress in Astronautics & Aeronautics, 1995, 166:109 - 135.

[133]Liu A B, Reitz R D. Mechanisms of air-assisted liquid atomization[J]. Atom. Sprays, 1993, 3(1): 55 - 75.

[134]Faeth G M. Spray combustion phenomena[J]. Symposium (International) on Combustion, 1996, 26(1):1593 - 1612.

[135]Heimgärtner C, Leipertz A. Investigation of the primary spray breakup close to the nozzle of a common - rail high pressure diesel injection system[R]. SAE Technical Paper 2000-01-1799, 2000.

[136]Wang Z W, Ren T. Investigation of airflow and respirable dust flow behaviour above an underground bin[J]. Powder Technology, 2013, 250:103 - 114.

[137] Revéillon J, Vervisch L. Spray vaporization in nonpremixed turbulent combustion modeling: A single droplet model[J]. Combust. Flame 121 (1/2): 75 - 90.

[138]Han Q Q, Yang N, Zhu J H, et al. Onset velocity of circulating fluidization and particle residence time distribution: A CFD-DEM study[J]. Particuology, 2015, 21:187 - 195.

[139]Amritkar A, Deb S, Tafti D. Efficient parallel CFD-DEM simulations using OpenMP[J]. Journal of Computational Physics, 2014, 256:501 - 519.

[140]Shao T, Hu Y Y, Wang W T, et al. Simulation of solid suspension in a stirred tank using CFD-DEM coupled approach[J]. Chinese Journal of Chemical Engineering, 2013, 21 (10): 1069 - 1081.

[141]Schiller L, Naumann L. A drag coefficient correlation [J]. Z. Ver. Deutsch. Ing. , 1935, 77(1): 318 - 320.

[142]Tong Z B, Zhong W Q, Yu A B, et al. CFD-DEM investigation of the effect of agglomerate-agglomerate collision on dry powder aerosolization [J]. Journal of Aerosol Science, 2016, 92:109 - 121.

[143]Chen J K, Wang Y S, Li X F, et al. Reprint of Erosion prediction of liquid-particle two-phase flow in pipeline elbows via CFD-DEM coupling method[J]. Powder Technology, 2015, 282: 25 - 31.

[144]Akhshik S, Behzad M, Rajabi M. CFD-DEM approach to investigate the effect of drill pipe rotation on cuttings transport behavior[J]. Journal of Petroleum Science and Engineering, 2015 (127): 229 - 244.

[145]Akbarzadeh V, Hrymak A N. Coupled CFD-DEM simulation of particle-laden flows in slot die coating system with presence of free surfaces[C]//16th International Coating Science and Technology Symposium, September 9 - 12, 2012, Midtown Atlanta, GA,2012.

[146] Iqbal N, Rauh C. Coupling of discrete element model (DEM) with computational fluid mechanics (CFD): A validation study[J]. Applied Mathematics and Computation, 2016, 277:154 - 163.

[147]Akbarzadeh V, Hrymak A N. Coupled CFD-DEM of particle-laden flows in a turning flow with a moving wall[J]. Comput. Chem. Eng, 2016 (86): 184 - 191.

[148]Han Q Q, Yang N, Zhu J H, et al. Onset velocity of circulating fluidization and particle residence time distribution: A CFD-DEM study[J]. Particuology, 2015, 21:187 - 195.

[149]Shan T, Zhao J D. A coupled CFD-DEM analysis of granular flow impacting on a water reservoir[J]. Acta Mechanica, 2014, 225(8): 2449 - 2470.

[150]Brosh T, Kalman H, Levy A. Accelerating CFD-DEM simulation of processes with wide particle size distributions[J]. Particuology, 2014, 12:113 - 121.

[151]Tong Z B, Zhong W Q, Yu A B, et al. Yang. CFD-DEM investigation of the effect of agglomerate-agglomerate collision on dry powder aerosolisation[J]. Journal of Aerosol Science, 2016, 92:109 - 121.

[152]Korevaar M W, Padding J T, Van der Hoef, et al. Integrated DEM-CFD modeling of the contact charging of pneumatically conveyed powders [J]. Powder

Technology，2014，258:144－156.

[153]Zhou H，Yang Y，Wang L. Numerical investigation of gas-particle flow in the primary air pipe of a low NO_x swirl burner-The DEM-CFD method[J]. Particuology，2015，19(2)：133－140.

[154]Alian M，Ein-Mozaffari F，Upreti S R. Analysis of the mixing of solid particles in a plowshare mixer via discrete element method (DEM)[J]. Powder Technology，2015，274：77－87.

[155]Kayne A，Agarwal R. Computational fluid dynamics (CFD) modeling of mixed convection flows in building enclosures[C]//ASME 7th International Conference on Energy Sustainability，July 14－19,2013,Minneapolis,Minnesota，USA,2013.

[156]Wang H，Cheng W M，Sun B，et al. The impacts of the axial-to-radial airflow quantity ratio and suction distance on air curtain dust control in a fully mechanized coal face[J]. Environmental Science and Pollution Research，2018，25(8):7808－7822.

[157]孙彪. 综采面尘源局部雾化封闭控除尘技术[D]. 青岛：山东科技大学，2018.

[158]Cai P，Nie W，Hua Y，et al. Diffusion and pollution of multi-source dusts in a fully mechanized coal face[J]. Process Safety and Environmental Protection，2018,118:93－105.

[159]周刚，张琦，白若男，等. 大采高综采面风流-呼尘耦合运移规律 CFD 数值模拟[J]. 中国矿业大学学报，2016(4):684－693.

[160]李智翼. 不同厚度煤层综采工作面粉尘分布规律研究[D]. 徐州：中国矿业大学，2016.

[161]陈颖. 煤矿胶带输送机转载点喷雾降尘系统的研究[D]. 北京：北京化工大学，2009.

[162]Han Z Y，Parrish S.，Farrell P V，et al. Modeling atomization processes of pressure-swirl hollow-cone fuel sprays[J]. Atom. Sprays，1997,7：663－684.

[163]O'Rourke P J，Bracco F V. Modelling of drop interactions in thick sprays and a comparison with experiments[J]. Proceedings of the Institute of Mechanical Engineers，1980，149(9)：101－116.

[164]马素平，寇子明. 喷雾降尘机理的研究[J]. 煤炭学报，2005，30(3):297－300.

[165]刘社育，蒋仲安，金龙哲. 湿式除尘器除尘机理的理论分析[J]. 中国矿业大学学报，1998(1):47－50.

[166]郭金基，杨宗炼，邢浩旭，等. 喷射雾化流体紊流混合降尘的机理研究[J]. 流体机械，1996(10):17－19.

［167］Walton W H，Woolcock A. The suppression of airborne dust by water spray ［J］. International Journal of Air Pollution，1960，3：129 – 153.

［168］Mohebbi A，Taheri M，Fathikaljahi J，et al. Simulation of an orifice scrubber performance based on Eulerian/Lagrangian method［J］. Journal of Hazardous Materials，2003，100(1/2/3)：13 – 25.

［169］Pak S I，Chang K S . Performance estimation of a Venturi scrubber using a computational model for capturing dust particles with liquid spray［J］. Journal of Hazardous Materials，2006，138(3)：560 – 573.

［170］汤梦. 煤矿井下高压喷雾特性及降尘效果实验研究［D］. 湘潭：湖南科技大学，2015.

［171］邓云. 纵轴式掘进机外喷雾的数值模拟与优化设计［D］. 阜新：辽宁工程技术大学，2011.

［172］Syred N，Chigier N A，Beér J M. Flame stabilization in recirculation zones of jets with swirl［J］. Symposium(International) on Combustion，1971，13(1)：617 – 624.

［173］Mellor R，Chigier N A，Beer J M. Hollow-cone liquid spray in uniform airstream［M］//Combustion and Heat Transfer in Gas Turbine Systems. Amsterdam：Elsevier，1971：291 – 304.

［174］张莲莺. 华能巢湖电厂全厂压缩空气系统优化［J］. 电力建设，2010，31(4)：55 – 58.

［175］刘天舒. BP 神经网络的改进研究及应用［D］. 哈尔滨：东北农业大学，2011.

［176］李如平，朱炼，吴房胜，等. BP 神经网络算法改进及应用研究［J］. 菏泽学院学报，2016，38(2)：13 – 17.

［177］刘彩红. BP 神经网络学习算法的研究［J］. 西安工业大学学报，2012，32(9)：723 – 727.

［178］敖杰峰. 基于 BP 神经网络的 PIFA 天线结构优化设计［J］. 信息通信，2019，32(4)：24 – 25.

［179］詹小雨. 面向语音增强的深度神经网络结构与参数优化研究［D］. 北京：北京邮电大学，2019.

［180］吴昌友. 神经网络的研究及应用［D］. 哈尔滨：东北农业大学，2007.

［181］张文跃，杨均悦，葛研军. 无轴承永磁电动机有限元分析及结构优化设计［J］. 微特电机，2011，39(2)：22 – 26.

［182］Htcht-Nielsen R. Kolmogorov's mapping neural nework existence theorem［C］//Proceedings of IEEE International Conference on Neural Network，New York：IEEE

Press，1987：11-14.

　　[183]朱群雄. 神经网络结构理论与技术的研究及其在过程模拟与过程控制中的应用[D]. 北京:北京化工大学，1996.

　　[184]闻新,李翔,周露,等. MATLAB 神经网络仿真与应用[M]. 北京:科学出版社，2003.

　　[185]宋振宇，王秋彦，丁小峰，等. BP 神经网络训练中的实际问题研究[J]. 海军航空工程学院学报，2009，24(6):704-706.

　　[186]卢金秋. 数据挖掘中的人工神经网络算法及应用研究[D]. 杭州:浙江工业大学，2006.

　　[187]常晓丽. 基于 Matlab 的 BP 神经网络设计[J]. 机械工程与自动化，2006(4)：36-37.

　　[188]徐辰华. 基于 CMAC 神经网络的控制算法研究[D]. 南宁:广西大学，2004.

　　[189]曲宏锋. 基于 MapReduce 并行框架的神经网络改进研究与应用[D]. 南宁:广西师范学院，2017.

　　[190]Nie W，Cheng W M，Yu Y B，et al. The research and application on whole-rock mechanized excavation face of pressure ventilation air curtain closed dust removal system[J]. Journal of China Coal Society，2012，37(7)：1165-1170.

　　[191]Nie W，Cheng W M，Zhou G. Formation mechanism of pressure air curtain and analysis of dust suppression's effects in mechanized excavation face[J]. Journal of China Coal Society，2015(3)：609-615.

　　[192]Peng H T，Nie W，Yu H M，et al. Research on mine dust suppression by spraying：Development of an air-assisted PM_{10} control device based on CFD technology[J]. Advanced Powder Technology，2019，30(11)：2588-2599.

　　[193]程卫民，王昊，聂文，等. 压抽比及风幕发生器位置对机掘工作面阻尘效果的影响[J]. 煤炭学报，2016，41(8):1976-1983.

　　[194]聂文，刘阳昊，程卫民，等. 多向涡流风幕阻隔粉尘弥散的模拟实验[J]. 中南大学学报(自然科学版)，2016(1):350-358.

　　[195]聂文，程卫民，周刚. 综掘工作面压风气幕形成机理与阻尘效果分析[J]. 煤炭学报，2015，40(3):609-615.

　　[196]Chander S，Alaboyun A R，Aplan F F. On the mechanism of capture of coal dust particles by sprays[C]//Proceedings of the Third Symposium on Respirable Dust in the Mineral Industries. Littleton，CO：Society for Mining，Metallurgy & Exploration，1991：193-202.

[197]Sa Z Y，Li F，Qin B，et al. Numerical simulation study of dust concentration distribution regularity in cavern stope[J]. Safety Science，2012，50(4):857－860.

[198]Liu Y C，Wang S C，Deng Y B，et al. Numerical simulation and experimental study on ventilation system for powerhouses of deep underground hydropower stations[J]. Applied Thermal Engineering，2016，105:151－158.

[199]Ran J Y，Zhang L，Xin M D. Numerical simulation of gas-solid flow motion characteristics and deposition efficiency of particles in water-film cyclone separator[J]. Journal of Chemical Industry and Engineering (China)，2003,54(10): 1391－1396.

[200]Zhou L X，Gu H X. A monlinear k-ε-kp two-phase turbulence model[J]. Journal of Fluids Engineering，2003，125(1):191－194.

[201]Petrov T，Wala A M，Huang G. Parametric study of airflow separation phenomenon at face area during deep cut continuous mining[J]. Mining Technology，2013，122(4):208－214.

[202]马中飞，戴洪海. 旋流与直流送风改善回风隅角风流状态的3CFD数值模拟[J]. 煤炭学报，2008，33(11):1279－1282.

[203]Liu Q，Nie W，Hua Y，et al. Research on tunnel ventilation systems: Dust Diffusion and Pollution Behaviour by air curtains based on CFD technology and field measurement[J]. Building and Environment，2019,147: 444－460.

[204]Hua Y，Nie W，Cai P，et al. Pattern characterization concerning spatial and temporal evolution of dust pollution associated with two typical ventilation methods at fully mechanized excavation faces in rock tunnels[J]. Powder Technology，2018，334: 117－131.

[205]王昊，程卫民，孙彪，等. 附壁风筒径向流量比及抽尘距离对综掘工作面隔尘风幕的影响[J]. 化工进展，2017(10): 3610－3618.

[206]Nie W，Wei W L，Cai P，et al. Simulation experiments on the controllability of dust diffusion by means of multi-radial vortex airflow[J]. Advanced Powder Technology，2018，29(3): 835－847.

[207]Liu Y H，Nie W，Jin H，et al. Solidifying dust suppressant based on modified chitosan and experimental study on its dust suppression performance[J]. Adsorption Science & Technology，2018，36(1/2): 640－654.

[208]李鹏飞，徐敏义，王飞飞. 精通CFD工程仿真与案例实战[M]. 北京:人民邮电出版社，2011.

[209]孙国祥，汪小旵，丁为民，等. 基于CFD离散相模型雾滴沉积特性的模拟分析[J]. 农业工程学报，2012，28(6):13－19.

[210]Salvador F J, Martínez-López, J, Romero J V, et al. Computational study of the cavitation phenomenon and its interaction with the turbulence developed in diesel injector nozzles by Large Eddy Simulation (LES) [J]. Mathematical and Computer Modelling, 2013, 57(7/8):1656 - 1662.

[211]Fuster D, Bagué A, Boeck T, et al. Simulation of primary atomization with an octree adaptive mesh refinement and VOF method[J]. International Journal of Multiphase Flow, 2009, 35(6):550 - 565.

[212] Ménard T, Tanguy S, Berlemont A. Coupling level set/VOF/ghost fluid methods: Validation and application to 3D simulation of the primary break-up of a liquid jet [J]. International Journal of Multiphase Flow, 2007, 33(5):510 - 524.

[213] Mehravaran K. Direct simulations of primary atomization in moderate speed diesel fuel injection[J]. Int. J. Mater. Mech. Manuf, 2013,1(2): 207 - 209.

[214]dos Santos F, Le Moyne L. Spray atomization models in engine applications, from correlations to direct numerical simulations[J]. Oil & Gas Science and Technology, 2011, 66 (5): 801 - 822.

[215]Yakhot V, Orszag S A. Renormalization group analysis of turbulence. I. Basic theory[J]. Journal of Scientific Computing, 1986, 1(1): 3 - 51.

[216]明平剑. 基于非结构化网格气液两相流数值方法及并行计算研究与软件开发[D]. 哈尔滨:哈尔滨工程大学, 2008.

[217]杜佩佩, 肖昌润, 张露, 等. 基于 RANS 方法超空泡流数值计算方法研究[J]. 兵器装备工程学报, 2016, 37(10): 174 - 180.

[218] Dong Q, Long W Q, Ishima T, et al. Spray characteristics of V-type intersecting hole nozzles for diesel engines[J]. Fuel, 2013, 104(2): 500 - 507.

[219]吴琨, 王京刚, 毛益平, 等. 荷电水雾振弦栅除尘技术机理研究[J]. 金属矿山, 2004(8): 59 - 62.

[220] Metzler P, Weisz P, Buttner H, et al. Electrostatic enhancement of dust separation in a nozzle scrubber[J]. Journal of Electrostatics, 1997, 42(1/2):123 - 141.

[221]Pan Y, Suga K. Large eddy simulation of turbulent liquid jets into air[R]. ICLASS Paper ICLASS06 - 219, 2006.

[222]Zhou G, Feng B, Yin W J, et al. Numerical simulations on airflow-dust diffusion rules with the use of coal cutter dust removal fans and related engineering applications in a fully-mechanized coal mining face[J]. Powder Technology, 2018,339: 354 - 367.

［223］Han F W，Wang D M，Jiang J X，et al．A new design of foam spray nozzle used for precise dust control in underground coal mines［J］．International Journal of Mining Science and Technology，2016，26（2）：241－246．

［224］Salvador F J，Gimeno J，Pastor，José Manuel，et al．Effect of turbulence model and inlet boundary condition on the Diesel spray behavior simulated by an Eulerian Spray Atomization（ESA）model［J］．International Journal of Multiphase Flow，2014，65：108－116．

［225］Han F W，Wang D M，Jiang J X，et al．Modeling the influence of forced ventilation on the dispersion of droplets ejected from roadheader-mounted external sprayer［J］．International Journal of Mining Science and Technology，2014，24（1）：129－135．

［226］Nie W，Ma X，Cheng W M，et al．Ventilation conditions' influences on the dust control air curtain at fully mechanized heading face［J］．Journal of China University of Mining & Technology，2015，44（4）：630－636．

［227］陈沅江，吴超．表面活性剂在矿山尘毒治理中的应用及展望［J］．工业安全与防尘，1998（3）：23－25．

［228］杨鹏．综放工作面表面活性剂的降尘技术研究［D］．青岛：山东科技大学，2009．

［229］Bao Q，Nie W，Liu C Q，et al．Preparation and Characterization of a binary-graft-based，water-absorbing dust suppressant for coal transportation［J］．Journal of Applied Polymer Science，2018，136（7）：47065．

［230］王磊．化学抑尘剂抑尘性能的动力法评价及新型润湿剂的研制［D］．青岛：山东科技大学，2007．

［231］张文案，霍磊霞，刘海龙，等．复合型煤尘抑制剂的制备及性能研究［J］．煤化工，2009，37（5）：21－24．

致　谢

　　读博期间,迎来过人生的春天,也经历了漫长的黑夜,内心煎熬无数次但还是咬牙挺过,但此刻,与攻读博士学位这个既漫长又短暂的过程,真的要说再见了。人生走过,虽然艰辛,但无悔。回首博士学习的三年,最强烈的是感恩之情:老师给了我学识,父母给了我生命,兄弟姐妹给了我关爱,同学朋友给了我支持。彼此间有着千丝万缕的缘分,如果不知感恩,我将无以立身,无以言诚。

　　首先我要感谢我的导师程卫民教授,从认识程老师的那一刻起,他给予我最多最深的就是——引领,初接触数值模拟时,模型开发、数据处理、C++编程无疑是一座又一座的大山,需要经历很多次的失败才能翻越。现在回想起来,如果没有程老师对科研问题敏锐的观察力和准确的判断力,没有程老师一如既往的支持和鼓励,我的课题不会顺利完成。程老师是一位科研作风严谨、理论功底扎实、善于旁征博引、思维敏捷缜密、见解独到、富于创新和开拓精神,值得我永远敬重和追随的好导师。书山浩浩,学海淼淼,师恩浩荡,没齿不忘。

　　其次感谢在我硕博阶段给予我帮助的团队老师:周刚老师、聂文老师、王刚老师、陈连军老师、谢军老师、吴立荣老师、胡相明老师、刘震老师、辛林老师、于岩斌老师、倪冠华老师、杨文宇老师;感谢课题组崔向飞师兄、薛娇师姐、孙路路师兄、张孝强师兄、马有营师兄、孙彪师兄、王昊师兄、刘国明师兄、杜文州师兄、徐翠翠师姐、陈建师弟、彭慧天师弟、马官国师弟、杨赫师弟的陪伴。

　　感谢在加拿大里贾纳大学联合培养期间帮助过我的导师 Yee-chung Jin 教授,感谢MPS颗粒流课题组的肖惠文师姐和李浩嘉师弟在学术方面给予我的帮助,同时感谢 D. Don 和 G. Leighton 在留学期间对我口语方面的指点,感谢彭小龙、杨浩、Mary、Janis 等在生活方面的帮助,特别感谢国家基金委在我出国期间对我的资金资助,让我感受到国外的学术和生活环境,使我以更加宽阔的眼界、不同的思维方式积极进步。

　　感谢我的父母辛苦养育我三十载,如果没有他们宽厚的肩膀支撑着我的天空,我想我不可能在而立之年依然停留在清净的校园里,远离外面纷繁复杂的世界,全身心地投入到我挚爱的科研工作中,我很幸运能拥有这么宽容的父母和家人。还要感谢王相、张亚青、杨鑫祥、许安腾、武猛猛、周鲁洁、段会强、张琦、白若男、马骁、张赛、李文鑫、盖康等朋友，五年间共同的学习和生活加深了我们彼此间的理解和友谊，如今回头再看科研及生活中遇到的那些困难和波折，我由衷地感谢你们，没有你们一路的鼓励和帮助，我不会走到今天。

在此特别感谢湖南科技大学王鹏飞老师在论文喷雾实验阶段给予的大力帮助，在炎炎夏日的 40 ℃高温天气多次来到实验室内对我们的实验进行现场指导，感谢湖南科技大学田昌同学、韩寒同学等对我们实验的帮助。

感谢对本书加以审阅和评议的各位教授、专家。

图书在版编目(CIP)数据

煤矿截割粉尘风-雾联合控除机制研究与应用 / 于海明等著. — 南京：东南大学出版社，2022.12

ISBN 978-7-5766-0303-3

Ⅰ. ①煤… Ⅱ. ①于… Ⅲ. ①煤尘—防尘—研究 Ⅳ. ①TD714

中国版本图书馆 CIP 数据核字(2022)第 207857 号

责任编辑:贺玮玮　责任校对:咸玉芳　封面设计:毕　真　责任印制:周荣虎

煤矿截割粉尘风-雾联合控除机制研究与应用

著　者	于海明　等	
出版发行	东南大学出版社	
社　址	南京市四牌楼 2 号(邮编:210096　电话:025-83793330)	
网　址	http://www.seupress.com	
电子邮箱	press@seupress.com	
经　销	全国各地新华书店	
印　刷	广东虎彩云印刷有限公司	
开　本	787mm×1092mm　1/16	
印　张	11	
字　数	195 千字	
版　次	2022 年 12 月第 1 版	
印　次	2022 年 12 月第 1 次印刷	
书　号	ISBN 978-7-5766-0303-3	
定　价	76.00 元	

本社图书若有印装质量问题,请直接与营销部联系,电话:025-83791830。